JN078635

自然地域学

Natural Regionology

奥野　一生

目次

【5】古期造山帯地域 　　　72

表　目次

分布図　目次

図　目次

旧版　帝国図・地勢図・地形図　目次

写真　目次　　(写真はすべて筆者撮影)

※　本書の大学授業での使用方法　※

　【2】〜【15】まで、各1週で半期14週分の内容となります。最初に「オリエンテーション」、または、最後に「まとめ」を加えて、15週目とすることができます。勿論、各週の内容に追加や取捨選択を適宜行ってください。

　【2】〜【15】の各週の内容で、（1）〜（23）と区切って示した内容は、プレゼンテーションソフト「パワーポイント」での1シート（1コマ）を想定しています。したがって、説明の関係上、一部分、重複する内容構成となっています。本文から、ポイントとなる用語を画面上に示して、講義に使用することを想定しています。各週23シート（23コマ）としたのは、1シート（1コマ）を「科目名・今週のテーマ・連絡事項」用とし、計24シート（24コマ）を配布資料として、A4用紙1枚に6シート（6コマ）であれば4ページ（両面刷りで2枚）、4シート（4コマ）であれば6ページ（両面刷りで3枚）という設定に対応しています。学生の理解確認・フィードバック用に、「まとめ」と「考察」の項目を掲載しました。「意見・感想」の項目を加えて3項目とし、配布資料を配布する以外に、A4用紙1枚程度に「まとめ」「考察」「意見・感想」を記入し、毎週提出することを想定しています。

　また、それぞれの内容に関連した映像を組み合わせて、ご活用下さい。

　通年開講の場合は、2週を1セットとし、1週を本書による講義、もう1週を「自然」をテーマとした学生のプレゼンテーション（スピーチ）や、アクティブ・ラーニング、ケースメソッドとする授業展開が考えられます。

　なお、自然地域の学習には、カラーの地図や写真の参照が不可欠となります。そこで、帝国書院や二宮書店から発行されている地図帳も併用されたい。特に、「大陸の移動」「世界のプレートの分布」「世界の地体構造」「世界の地形」「世界の地震と火山」「各種地形の模式図と事例」「世界の気候区と海流」「世界の植生分布」「世界の土壌分布」「世界の農業地域」「世界のエネルギー資源と鉱産資源」「世界の宗教」「世界の人口密度」「世界の高齢化」「世界の平均寿命」「世界の人々の移動」「世界の環境問題」等です。

【1】 はじめに

　今日、自然環境への関心が高まっている。その背景としては、日本における自然災害の頻発、世界における環境変動の激化がある。

　日本においては、それまで地震の心配が少ないといわれてきた関西で、1995 年（平成 7 年）に兵庫県南部地震が発生、日本列島は活動期に入ったとされた。そして、2011 年（平成 23 年）に東日本大震災が発生、同年には紀伊半島豪雨、その後、2015 年（平成 27 年）鬼怒川氾濫・2018 年（平成 30 年）西日本豪雨・2020 年（令和 2 年）熊本南部豪雨など、毎年のように豪雨災害があり、地球温暖化の影響も指摘されている。地震も 2016 年（平成 28 年）熊本地震、2018 年（平成 30 年）大阪北部地震・北海道胆振東部地震、そして東日本大震災の 10 年後、2021 年（令和 3 年）福島県沖・宮城県沖で東日本大震災の余震とされる震度 6 前後の地震が発生した。

　世界においては、環境問題、二酸化炭素（CO_2）の排出問題から、2016 年（平成 28 年）1 月に始まった国連開発計画で、ＳＤＧｓ持続可能な開発目標が設定され、気候変動と災害リスクなどが提示されている。これらの課題に対しては、もはや一つの学問領域で取り組める状況ではなく、複数の専門領域を理解するとともに、相互関係を考えた対応が必要とされている。それが世界の潮流でもあり、グローバルスタンダードとなっている。

　人類誕生以来、人間は強大な自然環境に適応することによって、人間生活を発展させてきた。しかし、それにとどまらず、自然環境を改変することによって、さらなる人間生活の利便性を高めようとしてきた。近年の状況は、それに対して、自然環境がバランスを維持するための（あるいはそれ以上の）動きを見せているともいえる。要は、自然環境は自然科学で学び、社会環境は社会科学で学ぶという、従来の学問体系が問われているともいえる。自然環境を考える場合も、社会環境からも考える、社会環境を考える場合も、自然環境からも考える、自然・社会相互思考、自然・社会包括思考は、当然の姿勢となる。したがって、自然環境と社会環境を別々に扱う学問体系にとらわれず、自然環境と社会環境の相互関係を学ぶことが、今日強く求められる。その際、最初に、自然環境の影響による人間生

活の状況を、しっかりと認識する必要があろう。総合を標榜するならば、必須である。当然ながら、世界の学問動向は、自然科学と人文・社会科学の「融合」方向にあり、別々の分野の研究者による共同研究という段階にとどまらず、単独の研究者で総合的・包括的な研究に取り組むことが必要となる。

　地理学においては、フリードリッヒ・ラッツェルの「環境決定論」とともに、ポール・ヴィダル・ドゥ・ラ・ブラーシュが「環境可能論」を説いたことで知られている。その著書である『人文地理学原理』の内容は、大きく、緒論「人文地理学の意味と目的」、第一篇「地球上における人類の分布」、第二篇「文明の諸形態」、第三篇「交通」、以上から構成されている。人類の分布の差異を論じ、多様な文明がみられ、そこから同一自然環境における人類の生活が「一つに決定する」ということではないという、「環境決定論」ではなく、「可能性を与えるに過ぎない」という「環境可能論」とされるわけである。しかし、さらに深く読めば「いかに自然環境を基礎にして人類は多様な生活様式を築いてきたか」、「今日（ブラーシュが生きた時代）、交通が大きな影響を及ぼしているか」を示唆しており、筆者からすれば、人類が過去、いかに自然環境の可能性を引き出してきたかという「環境可能論」、自然環境の制約の中でいかに多様に対応してきたかという「環境多様対応論」と解釈している。勿論、「交通」として取り上げられているのは、道路・鉄道・海上交通で、当然ながら航空交通は取り上げられていない。また、緒論「人文地理学の意味と目的」で「人類と環境」の項目が、第一篇「地球上における人類の分布」で「地中海地域の山岳の役割」が、第二篇「文明の諸形態」で「人類の環境への適応」「完成への自然的傾向」が示されているのが、特に興味深いと感じた。このように、従来の学問体系では、フランスのポール・ヴィダル・ドゥ・ラ・ブラーシュが「地理学が自然と人類とのあいだの相関関係を主題とする」としたように、地理学が自然環境と社会環境の相互関係を研究するという、その役割を果たす位置にある。しかし、日本の地理学・地理教育では、自然地理学として自然環境そのものにとどまった学習・授業が中心を成し、人文地理学として人間文化・社会の文化・社会的環境要因が指摘される学習・授業が中心

を成し、自然地理学において自然環境から人間文化・社会環境への影響関係を解明する、人文地理学において人間文化・社会環境から自然環境への影響関係を解明する、それぞれの原点・視点が薄れていると思われる。

　このような課題が生起する理由としては、担当教員と使用教材に要因があると考えられる。大学における地理学科目の担当教員には、大きく、地理学専攻・地理学講座で大学院博士課程後期課程修了・課程博士号取得者、地理学専攻・地理学講座で大学院修士課程修了・修士号取得者、高等学校地理歴史科や中学校社会科の教員免許取得用の教職科目の場合に、高等学校や中学校の教員経験者が多い。東京などの関東方面の大学では、地理学専攻の大学院博士課程後期課程を設置している大学は比較的多いが、関東方面以外では比較的少なく、設置している場合でも人文地理学専攻のみ、大学院担当教員に自然地理学の専門家がいないということも多い。また、専攻名・講座名に地理学の名称が使用されていないこともあり、その場合は、必ずしも地理学を学んでいるとは限らないということも考えられる。幅広い高等学校での地理指導経験があり、大学学部・大学院修士課程・大学院博士課程後期課程すべてにおいて継続して、人文地理学とともに自然地理学も履修し単位を修得した者が大学の地理学の授業を担当していること、実はそれが比較的少ないのが現状である。その結果、地理学科目は教職科目を兼ねている場合が多く、教職科目の場合は、本来、包括的内容でなければならないが、実際の状況はどうであろうかと指摘されることがある。教員免許取得のための教職科目であるが、担当者が教員免許を取得していない場合もある。教材も、専門深化した教科書は多いが、自然環境から人間文化・社会環境を、人間文化・社会環境から自然環境を、その相互関係を扱った、一人の著者による包括的で、一冊で教科書に使用できる書籍が少ない。その要因としては、自然地理学における「環境決定論」、人文地理学・経済地理学における「地政学」、それぞれを避ける傾向の影響が指摘される。筆者は、体系的・包括的な授業・研究の減少が影響していると考えている。「狭く」「深い」研究が「専門的」スペシャリストとされるのがその例である。勿論、一人の人間が自然環境と人間文化・社会環境の双方、そしてその相互関係を研究するとなると、あまりにも膨大な知

識と内容が求められ、それができるジェネラリストは現実的かとの指摘もある。しかし、現在および未来に向かっては、必然的に取り組まれるべきもので、特に各学問分野を幅広く学ぶ機会である高等学校での教育は、極めて重要となってくる。教員側も、幅広い高等学校での指導経験があれば、幅広い地理学の内容を指導しており、地理以外に歴史や公民（公共）も担当していれば、その相互関係を扱うこととなり、当然、幅広い相互関係を研究する契機と実践の場ともなり、「際物」の真骨頂、面目躍如となる。

　高等学校地理歴史科の教員免許取得には、地理学科目として人文地理学・自然地理学・地誌学の授業受講・単位取得が必要で、教職科目であれば、包括的な授業内容が要求されている。本書は、教職自然地理学のテキストとして、筆者が担当している自然地理学概論の講義内容をまとめたものである。まず、日本の自然地理として、自然環境と人間生活の関係、特に自然災害の影響を取り上げた。次いで、自然環境の地形として、大地形区分、安定陸塊地域、古期造山帯地域、新期造山帯地域、小地形区分、山地地形地域、平野地形地域、海岸地形地域、サンゴ礁地形地域、氷河地形地域、乾燥地形地域、カルスト地形地域を取り上げた。また、自然環境の気候として、気候区分、熱帯気候地域、乾燥帯気候地域、温帯気候地域、冷帯気候地域、寒帯気候地域、高山気候地域を取り上げた。さらにまとめで、自然・鉱産物と歴史の相互関係として、日本の自然・鉱産物が歴史に与えた影響とともに、世界の自然・鉱産物が歴史に与えた影響も考察することとした。以上のように、地形学と気候学を中心とし、地形区分と各地形の特色・分布、気候区分と各気候の特色・分布のみならず、地形地域・気候地域として、地形・気候が人間文化や人間社会、例えば、文化地理学分野とされる宗教、経済地理学分野とされる農牧業・林業・水産業・鉱工業・観光・交通、そして歴史に与えた影響を指摘している。このように自然地域による視点を重視したことから、書名を『自然地域学』とした。

　今日、高等学校進学率は極めて高く、高等学校での教育と進路指導は、各自の人生に大きな影響を与える。高等学校の地理総合において、自然環境の学習にとどまらず、人間文化・人間社会に与える影響、そこに至る視点の指導が肝要となろう。勿論、部分的でなく包括的であることも大学教

育に繋ぐ上で必要であり、教職を目指す場合、勿論、研究者を目指す場合も、基礎・基本となるはずである。本書では、その求められている状況に対し、大学での自然地理学の教科書として企画したものである。必然的に、限られた紙面で、内容を厳選することとなる。半期の授業、例えば「自然地理学概論」「自然地理学入門」「教職自然地理学」や一般教養科目の授業で、あるいは1・2年次の基礎ゼミ・セミナーの教材として、できるだけ網羅するならば、これらの項目になることは、必然と思われる。

　本書を使用した授業の受講生に対しては、以下のことを考えて受講していただきたい。すなわち、この授業がどのような人々に役立つかである。まず、自然に関わる業界で働く人で、自然を活用、その知識でビジネスに従事しようとする人である。例えば、自然を相手にする第一次産業（農業・林業・水産業）と関わる業界では必要な知識となり、観光業界でも国内市場より急成長が見込める海外観光地で、それは外国のどこの国・地域であろうかを考える参考となる。世界の地形（大地形・小地形）を学ぶ、世界の気候（気温・降水量・風）を学ぶ、地形・気候が自然ビジネスに重要で必要な知識となる。次いで、不動産業界で働く人で、不動産（土地・建物）の価値は、利便性以外、自然災害のリスクで大きく左右され、自然を十分に考慮して、土地を入手し、建物を建設する必要がある。また、金融業界で働く人で、不動産融資（開発融資・住宅ローン）は金融業界（銀行、生保・損保業界）に関係深く、自然災害のリスク案件融資審査が今日、極めて重要となる。さらに、海外で活躍しようとする人で、自然環境は日本と海外では大きく異なり、特に、想像を絶する過酷な環境の場合があり、気温・降水量、土壌など、日本の常識が通用しない国・地域も多い。自然環境を学ぶといかに多くの業界と関係があるか、現代社会のビジネスに、自然環境が極めて重要であるとの事実を是非とも理解したい。そこから、自然地理学の授業が強く求められるようになった意義が自ずと見えてくるのである。

　なお、本書は、全体として、「自然地域」を取り上げるとともに、系統的地域学としての「自然地域学」を構築したいとの願いも込め、前著「観光地域学」に次ぐ「地域学」テキストとして刊行した次第である。前書・本書を端緒として、さらなる系統的地域学の発展を期待したい。

【2】 日本の自然地理と自然災害

（1） 日本の自然地理①：中心地の移動、九州から畿内（近畿）へ

　日本の中心地から、その中心移動の要因を考えてみます。かつての日本の中心は九州でした。邪馬台国九州説がその代表例です。理由は、アジア大陸に近く、日本の門戸の位置、しかし、九州は自然災害の多発地です。特に、火山噴火で、阿蘇・桜島以外では、縄文時代に鬼界カルデラ（現・鹿児島県薩摩硫黄島付近）で巨大噴火が発生、九州南部の縄文早期文明が壊滅しました。江戸期に、「島原大変肥後迷惑」と称される災害もありました。後述するように、台風や豪雨災害も多いところです。九州と反対方向の東北・北陸方面は、積雪・寒冷地域で、冷害の心配があります。また、日本の外海の海岸付近は、縄文期に海面が上昇する「縄文海進」もあり、さらには、古くから津波・高潮・波浪の被害がある場所で、危険でした。

　そこで、日本の内海の地で、活火山のない近畿の内陸（盆地）に中心地が移動するのは必然で、畿内（近畿）に中心地が移動、邪馬台国畿内・大和説がその代表例です。特に、内陸盆地は、風水で良き地と、中国思想・風水思想で指摘されていました。すなわち、山々に囲まれ、風を遮り、森を利用でき、水が集まる場所です。さらに、中国の風水思想とともに、中国の都にならい碁盤目状都市を建設しました。まさしく、この時代、自然の影響が強く、自然を重視した思想が大きく関わったといえます。

（2） 日本の自然地理②：中心地の移動、畿内（近畿）から関東・江戸へ

　日本の中心地から、その中心移動の要因を、続けて考えてみます。前述しましたように、畿内（近畿）の奈良・京都盆地に都が置かれ中心地となりました。当然、人口が増加、農業用地・住居用地が開発され、拡大していきます。奈良から大和川で、京都から淀川で、大阪湾に土砂が流失することとなり、その結果、両河川の土砂が湾岸の海に堆積して、平野の拡大や、後の埋め立てに利用できる遠浅の海となりました。大坂（大阪）は、それまで奈良・京都の外港的機能を持った場所で住吉津・難波津があり、海の神・港の神として祀られた住吉大社が鎮座する地から、後に大都市に発展

する自然的契機が形成されていくこととなりました。

時は下り、美濃が天下取りの中心となります。理由は、木曽川・長良川・揖斐川の三河川流域にあり、肥沃な米どころの地でもあるわけです。また、交通のかなめとなる本州の狭隘地（きょうあい）（狭い地点）で、都への交通路として重要な位置となります。その後、徳川家康の関東移封により、関東・江戸が中心となります。広大な平野があり、日本の位置的中心でもあります。この地は、それまで、広大な低湿地が広がっていた場所でしたが、徳川家康が人工的に改変したことで知られ、自然を理解し、活用したわけです。まさしく、「ピンチ」を「チャンス」にという典型例となります。但し、関東は、水害以外、火山噴火や竜巻などの災害の危険性もある場所です。

（3）日本の自然地理③：関東・江戸・東京と河川改修

さらに、関東・江戸・東京が、日本の中心になったのはなぜかを考えてみます。広大な関東平野は低湿地が広がり、まずは、治水（排水）が必要でした。特に、流量の多い利根川・荒川が頻繁に氾濫、両河川は江戸へ流れ、江戸が洪水となっていました。そこで、流路変更の治水工事である、利根川の水を常陸川に流す東遷事業、荒川の水を入間川に流す西遷事業、その両者を行って、流域の氾濫減少と、江戸の洪水を防ぐこととなります。その結果、洪水防止だけではなく、荒川の水によって入間川（新荒川）の流量が増加、川越から江戸への交通路として利用できるようになります。勿論、江戸の洪水が減少するとともに、氾濫の減少で低湿地が水田に利用できるようになり、それまでつながっていなかった各河川がつながることとなって、各河川が交通路にも利用できると、一石三鳥となりました。

このように、河川改修が関東・江戸に大きな効果をもたらしましたが、問題も発生します。すなわち、その後、利根川水系の洪水が頻発することとなります。江戸期・明治期の1742・1786・1846・1910年の洪水が有名ですが、戦後も、1947年カスリーン台風で利根川堤防決壊、1981年小貝川が氾濫（茨城県竜ケ崎市）、2015年鬼怒川堤防決壊（茨城県常総市）があります。実は、利根川（現）の南北で、新たに、大きな差異が生まれたのです。それまで、鬼怒川と小貝川の二河川が合流するところに、利根川の流れが

— 28 —

さらに合流、三河川が合流する場所となったことが、大きく影響しました。

（4）日本の自然地理④：河川の河口

　関東の河川でも、河口の重要性の視点から、羽田空港・東京ディズニーリゾートの発展はなぜかを考えてみます。すなわち、東京湾にそそぐ、多摩川・江戸川（旧）の二大河川河口に、この二大施設があります。

　羽田空港は、東京都と神奈川県の境界、多摩川河口にあり、東京ディズニーリゾートは、東京都と千葉県の境界、江戸川（旧）河口にあります。これらの地は、河川の河口であるとともに、長年、川で運ばれてきた土砂が沖に堆積、遠浅であるために埋め立てしやすく、広大な平坦地が確保可能となるわけです。河川の河口は、比較的山が遠く、また山が見えにくい地であり、山が遠ければ、空港に必要な条件の、気流が安定していることとなり、山が見えにくければ、テーマパークに必要な条件の、借景が入らないこととなります。二大施設は、まさしくここしかない最高の自然環境にあり、現代でも、自然の重要性を理解することの必要性を実感できる場所です。勿論、東京の中心に近い、アクセスが良好であることも好立地となっています。「翼」という文字を分解しますと、「羽田と共に」となり、古くから使用されている地名ですが、名前からも「最適」でしょう。

（5）日本の自然地理⑤：山と川

　日本の河川とともに、山々が、人間生活にどのような影響を与えたのかを考えてみます。すなわち、日本は、新期造山帯で険しい山々があり、温暖湿潤気候で雨が多い（但し、北海道は冷帯）。その結果、山と川が多く、山と川は、生活圏を区分する、生活場所の端（はし）となります。そこから、山と川は境界となり、他の地域との交流は、峠と橋、渡しになります。山と川は日本の都道府県の境界となるとともに、山と川は都道府県の中でも境界となって、県内を分けることとなります。人間文化・人間社会を考える時、文化圏・社会圏区分を考える時、その境界が重要となるわけです。

　例えば、岐阜県の飛騨と美濃、静岡県の遠江（とおとうみ）と駿河、大阪の摂津・河内・和泉、北関東と南関東、それぞれの境界がその代表例です。

（6）日本の自然地理⑥：日本列島

　さらに視野を広げて、日本が列島であり、大陸東岸側に位置し、絶妙な緯度に位置することと併せて考えてみます。すなわち、この位置にあることによって、そして四大島・新期造山帯の地形であることによって、気候は全体として温暖湿潤気候（北海道を除く）ですが、太平洋側・内陸高地・瀬戸内海・日本海側など、多様な気候が出現することとなるわけです。

　そこから、前述の文化圏・社会圏区分とともに、多様な風土、多様な生活・思考が生まれ、「絶対にこれが正しい」ではなく、「それぞれに、良さがある」「住めば都」が、かつて、日本各地の発展要因となりました。「特色」＝「良さ」の発想が重要となりました。しかし、「欧米式の絶対主義」の思考が広まり、地方よりも都市、都市でも大都市へと、東京一極集中が進みました。その結果、都市と地方で年齢・男女比がアンバランスとなり、それによって起きる様々な現象を考えることが必要となりました。

（7）日本の自然地理⑦：島国

　さらに、日本が島国であることから、政治的独立の維持と、海洋が交通路として活用できて世界と繋がっているという利点とともに、なぜ、日本は優れた工業国となり、その後もどうなったかを考えてみます。

　日本は、多様なプレート境界に位置、火山・地震・津波・山崩れと世界でも希な自然災害の多発地です。そこで、プラス思考、すなわち、「災い転じて福となす」、マイナス面をプラスに、あるいはマイナス面を直視してこそ、プラス面がわかる、プラス・マイナスの両方を考えるバランス思考につなげるわけです。島国は狭く孤立していることから、バランス思考として広く多くの知識が必要と痛感し、欧米式の自己主張よりも、受け身に徹する変革により、優れた工業製品を生産したと考えられます。当然、その後も、それを継続することが発展につながっています。世界の、異なる気候風土でも使用可能な製品づくり、これが日本工業発展の原動力です。

（8）日本の自然災害①：自然災害発生国

　日本は、地震・津波・火山噴火・台風などの自然災害発生国として、有

名です。世界有数の地震国で、津波も発生、また、世界有数の火山国です
が、勿論、火山による恩恵もあります。災害発生の要因は、地球上で、最
も激しい変動帯に位置することによります。日本は、プレート境界に位置
する新期造山帯の環太平洋造山帯で、それにより地震・津波・火山噴火が
多いこととなります。また、緯度から熱帯性低気圧の台風来襲地で、洪水
や土砂災害も多く、先進国としては、世界有数の自然災害国です。

　ちなみに、大陸内部や海洋部の安定地域では、地震・津波・火山噴火は
ほとんどなく、熱帯性低気圧の来襲のない地域も、世界に多くあります。

（9）日本の自然災害②：地震発生場所

　自然災害の中で、地震が発生する場所はどこかを考えてみます。地震は、
発生要因から、海洋プレート型地震と内陸活断層型地震に区分されます。
当然、これらを明確に区別して混同せず、別々に地震を研究することが必
要となります。発生要因が異なるものを、同列に扱えないのは、科学的思
考の基礎でしょう。プレート境界が単純か、複雑か、これも同様でしょう。

　海洋プレート型地震は、プレート境界付近で発生する巨大地震で、震源
域は太平洋沖の千島海溝・日本海溝・南海トラフなどが代表的です。発生
場所が明確であり、数十年から数百年の間隔で発生しています。

　内陸活断層型地震は、活断層による大地震で、震源域は狭い線状となり、
岩盤の大きな割れ目が活断層です。発生場所が明確とは限らず、周期が長
い場合は、数千年から数万年の間隔で発生することもあるのです。すなわ
ち、活断層は、日本に極めて多いのですが、未知の活断層も多く、周期と
共に、いつどこで発生するか、予測が極めて難しいこととなります。

（10）日本の自然災害③：海洋プレート型地震

　海洋プレート型地震（一部、内陸活断層型地震を含む）を日本海側で見て
みると、1943年（昭和18年）に鳥取地震（死者1,083人）が9月の17時発生、
1948年（昭和23年）に福井地震（死者3,769人）が6月の16時発生、1964
年（昭和39年）に新潟地震（死者26人）が6月の13時発生、1983年（昭和
58年）に日本海中部地震（青森・秋田、死者104人）が5月の11時発生、大

津波が押し寄せ、1993年（平成5年）に北海道南西沖地震（死者230人）が7月の22時発生、北海道奥尻島に大津波が押し寄せました。すなわち、20世紀の50年間で、このように鳥取⇒福井⇒新潟⇒秋田⇒北海道と日本海側を北上しました。続いて、21世紀に、太平洋側で見ると、北海道南西沖地震の10年後、2003年（平成15年）に北海道十勝沖地震（死者2人）が9月の4時発生、2011年（平成23年）に東北地方太平洋沖地震（死者・行方不明2万2千人）が3月の14時発生、大津波が押し寄せました。1923年（大正12年）の関東地震から、約100年で東日本を一周しました。

（11）日本の自然災害④：内陸活断層型地震

　内陸活断層型地震は、活断層が動くことによって発生する大地震です。活断層があると、危険なため空き地として土地が利用されない場合がありました。しかし、近代の明治期以降に学校が大量に、また現代の昭和期に郊外に住宅建設で学校が必要となり、その未利用の空き地に学校が建設されることがあり、活断層上に学校が立地した事例が多くあります。

　また、活断層は直線状の谷間となり、活断層は危険なため長らく空き地になっていましたが、現代の昭和期に高速道路が必要となり、直線状のその空き地に高速道路を建設、そのため急傾斜の断層崖で土砂崩れが発生して通行止めとなることもありました。断層上に建設された高速道路の事例としては、山崎断層上の中国自動車道（兵庫県）、中央構造線（断層）上の徳島・松山自動車道（四国）が有名で、多くの事例があります。

（12）日本の自然災害⑤：熊本地震

　熊本地震は、内陸活断層型地震の典型例です。1792年（寛政4年）5月21日夜に、まず、大地震の発生によって火山噴火が誘発され、島原雲仙の眉山が崩落、崩れた岩石が海に流れ込み、島原対岸の肥後熊本に大津波が押し寄せました。「島原大変肥後迷惑」と称されます。ついで、1889年（明治22年）7月28日（日）23時45分に震度7相当の明治熊本地震が発生、さらに、2016年（平成28年）4月14日（木）21時26分に震度7、4月16日（土）01時25分にも震度7の平成熊本地震が発生しました。

　このように、熊本では、100 年に一度の大地震が発生しています。しかも、その地震は、いずれも夜間に発生、時期は 4 月～7 月の気温上昇期です。そこから、周期・発生時刻・発生時期など、この活断層が、大きく「動く時」、すなわち特性に注目することが、是非とも必要です。

（13）日本の自然災害⑥：内陸活断層型地震の発生時刻

　内陸活断層型地震の発生時刻に注目すると、1889 年の明治熊本地震が 23 時に、1891 年の濃尾地震が 6 時に、1995 年の兵庫県南部地震が 5 時に、2016 年の熊本地震が 21 時と 1 時に、2018 年の大阪北部地震が 7 時に、2018 年の北海道胆振東部地震が 3 時に、それぞれ発生しています。

　以上から、九州・北海道（明治熊本・熊本・北海道胆振東部）は夜間（深夜）に、東海・近畿（濃尾・兵庫県南部・大阪北部）は朝（早朝）と、内陸活断層型地震は、夜から朝に発生、余震もこの時間に多いのです。これは気温の変化が、活断層に影響すると、筆者は考えています。

（14）日本の自然災害⑦：津波災害

　津波災害は、海洋プレート型地震に伴い発生、すなわち津波とは、海底の地形変化でおこる海水全体の上下動が海岸部に押し寄せたものです。

　津波は、港に入ると、急に波高が大きくなります。津波による災害を見ると、津波到達時間は、太平洋沖では、30 分程度で、沿岸近くで揺れが小さくても数分で非常に大きな津波が発生しています。遡上高とは、津波が陸上に侵入し、這い上がる高さですが、津波の高さの 2 ～4 倍にもなることもよくあります。津波被害には、流水や漂流物の建物への衝突があり、田畑が浸水、漁船流失・漁業施設被害などもあります。

（15）日本の自然災害⑧：日本海沖と太平洋沖の地震と津波

　前述しましたが、日本海沖で発生した地震と津波には、1983 年の日本海中部地震（秋田）津波、1993 年の北海道南西沖地震（奥尻島）津波があります。

　太平洋沖で発生した地震と津波（三陸津波被害）には、1896 年の明治三

陸地震津波、1933 年の昭和三陸地震津波、1960 年のチリ地震津波、2011年の東北地方太平洋沖地震津波（平成三陸地震津波＜筆者の命名＞）があり、約 40 年前後（30 ～ 50 年）周期で発生していることに、是非とも注目したいものです。残念ながら、前回の津波の記憶が薄れたころ、前回の津波の経験からの防潮堤が整備されたころに、再度、津波が発生しているのです。

（16）日本の自然災害⑨：津波の特徴と危険区域

　津波から身を守るには、海岸部で地震の揺れを感じたら高台へ移動、気象庁から津波注意報・警報発令されたら海岸に近づかないことが重要です。津波遡上速度は秒速 10 ｍで、走って逃げることは不可能となります。津波の第 1 波と第 2 波以降は、第 2 波以降のほうが大きいこともあり、また、津波は、引き波から始まるとは限らず、すぐの寄せ波もあります。

　津波危険区域は、海岸低地と湾奥低地で、津波避難場所としては、高台にある公園や神社境内がよく指摘されます。今世紀半ばにおきる可能性としては、東南海・南海地震の津波で、場所は伊豆半島から九州沿岸の太平洋側、さらに瀬戸内海沿岸も要注意となっています。

（17）日本の自然災害⑩：火山噴火災害事例、日本と世界

　地震・津波に次いで、火山噴火災害を、日本と外国の事例で見てみると、日本では、前述した縄文時代に鬼界カルデラ（現・鹿児島県薩摩硫黄島付近）で巨大噴火が発生、九州南部の縄文早期文明が壊滅しました。また、日本の歴史文書で最も甚大な噴火災害では、1792 年長崎雲仙岳での噴火・山崩れ、それにともなう津波発生があります。大地震がきっかけで発生したもので、「島原大変肥後迷惑」と称され、島原で山崩れ、島原湾の向かいの肥後に津波が押し寄せ、島原沖に「九十九島」を出現させました。外国では、古代ローマ時代に紀元 79 年イタリアのヴェズヴィオ火山が噴火、ナポリ郊外のポンペイの町が火山灰で埋まりました。最大級とされるのが、1815 年インドネシアのタンボラ火山の噴火で火山灰が地球の大気中に広がり、翌年の 1816 年は地球規模で気候の変化が現れ、太陽光が減少、夏のない年となり、アメリカ合衆国のボストンでは 7 月に降雪がありました。

（18）日本の自然災害⑪：伊豆諸島の火山噴火災害

　日本の火山噴火災害では、伊豆諸島（東京都）の各島々が有名です。古くは、青ヶ島（青ヶ島村）で 1785 年に噴火、それによって無人島化、1834年にようやく還住（帰島）できました。伊豆大島（大島町）では、1684 〜90 年噴火、1777 年噴火、1950 〜 51 年噴火、近年では 1986 年に三原山が噴火、伊豆大島全住民の避難は約 1 ヶ月間に及びました。

　三宅島（三宅村）では、1940 年噴火、1962 年噴火、その年の昭和 37 年にちなんで海岸にできた山に三七山と名付けられました。1983 年に雄山が噴火、阿古集落が溶岩で埋没、2000 年にも噴火、三宅島住民避難となり、2005 年にようやく避難解除となりました。このように、伊豆諸島の火山は定期的に噴火しており、特に三宅島は約 20 年周期となっています。

（19）日本の自然災害⑫：火山の恵みと日本の活火山

　火山は災害をもたらしますが、人間生活に恵みももたらしてくれます。風光明媚な自然環境を、そして火山の熱は水と接触して温泉となり、カリウムや燐（リン）に富む、肥沃な土壌ともなります。例えば、インドのデカン高原は溶岩台地で、その溶岩が風化して肥沃な土壌を形成、綿花栽培に最適なレグール土が分布、それが綿織物工業を発達させ、繊維販売業の発達となり、それを扱うインド商人は世界で活躍することとなりました。

　日本の活火山、特に主な活火山の分布をみると、北海道地方に有珠山など 5 活火山、東北地方に磐梯山など 6 活火山、関東地方に箱根山など 7 活火山、中部地方に御嶽山など 2 活火山、九州地方に九重山など 8 活火山があり、主な活火山が分布しない地方は、近畿・中国・四国地方です。

（20）日本の自然災害⑬：低湿地・西日本

　自然災害の中で、浸水などの水害が起きる場所はどこかを考えてみます。当然、基本は、低湿地などの海抜高度が低い土地です。かつては、低湿地には人は住まず、住む場合は、堤防上など、少しでも海抜高度が高い所に住みました。輪中がその典型例で、低湿地は水田に利用しました。

　2018 年に西日本豪雨、2019 年に九州北部大雨、2020 年に熊本南部豪雨

と九州を中心として、西日本において水害が多い理由は、低湿地の存在ということだけではありません。すなわち、海水が暖められて水蒸気が発生、上昇することによって雨雲が発生、日本上空での偏西風（西風）によって雨雲は東に移動、雨雲が陸地・山地にぶつかって雨を降らせる、当然ながら、日本列島の西に位置する西日本に、まずは大雨が降るわけです。台風も、勢力を維持して、まずは西日本に上陸することとなります。

（21）日本の自然災害⑭：熱帯性低気圧と日本の台風

　熱帯性低気圧の種類には、まず、台風があり、太平洋西部海域、おもにフィリピン東方海域で発生、東アジア（日本・中国・台湾・朝鮮半島）を襲います。また、ハリケーンは大西洋西部海域、おもにカリブ海付近で発生、アメリカ合衆国南部やカリブ海の島々を襲い、さらに、サイクロンはインド洋で発生、ベンガル湾周辺地域やオーストラリアを襲います。

　日本に来る台風は、発生後、暖かい黒潮にそって勢力維持、東風の貿易風で西に移動、北緯25度付近で、偏西風に流されて速度を増して北東に移動します。沖縄に来る台風は、勢力拡大直後に接近・上陸するため、宮古諸島、八重山諸島、大東島諸島で、風速が特に強烈となります。

（22）日本の自然災害⑮：伊勢湾台風と近鉄名古屋線

　伊勢湾台風は、1959年（昭和34年）9月末に襲来、昭和三大台風とされるのは、この伊勢湾台風と、1934年（昭和9年）の室戸台風、1945年（昭和20年）の枕崎台風です。伊勢湾台風は、強風・大雨だけでなく、伊勢湾沿岸での高潮をともない、甚大な被害をもたらしました。特に、名古屋市南西部の、海抜高度が低い干拓地だったところが大きく浸水しました。

　近鉄名古屋線も被害を受け、その復旧工事の際に、次年度工事予定の改軌（大阪線・山田線と同じ軌間幅に）を前倒しで実施、実に約2ヶ月で完成させました。名古屋〜大阪・伊勢間の直通運転が開始され、近鉄特急の代名詞となる、二階建ての新ビスタカーがこの時に登場しました。それまで、松阪・伊勢市からは大阪方面へ直通していましたが、松阪・伊勢市から津・名古屋方面へは直通せず、伊勢中川駅（その以前は江戸橋駅）で乗り

換えでした。この影響から、三重県内でも、松阪・伊勢市は、名古屋より
は大阪と関係深かったのです。勿論、直通により、津・名古屋方面との関
係は、密接となりました。伊勢湾台風が、その契機となったのです。

（23）日本の自然災害⑯：沖縄の観光対策

　沖縄の観光対策として、夏の沖縄は観光シーズンであるとともに、台風
シーズンでもあることにも注意が必要です。すなわち、台風で本土との航
空便が運休となり、足止めされた観光客は予定以上の宿泊となります。こ
の季節に沖縄に行く場合は、日程・費用に十分な余裕をもって、行くこと
が必要です。事前購入した安い運賃の航空券は運休でキャンセルに、運航
再開直後の航空券は直前購入のため高額となることや、予約で満席の場合、
さらにキャンセル待ちで、帰りの予定が延びることがあります。

　したがって、この季節、修学旅行等の団体旅行は原則として受け入れず、
修学旅行用の観光バスはオフシーズンとなります。その対策として、バス
ガイドさんとともに、観光バスは、同じく夏が観光シーズンの北海道に派
遣されることがあります。意外なところで、沖縄と北海道が結ばれます。

「まとめ」：
　日本の中心地は、どのように移動したか。
　日本の自然災害には、何があるか。
　地震の要因と種類には、何があるか。

「考察」：
　日本の中心地が移動した理由には、何があるか。
　日本の自然災害、発生の要因には、何があるか。
　利根川水系で洪水が多い理由は何か。

図1：関東の河川＜江戸期前＞

（江戸期前は、利根川と荒川の水量が多く、特にその二河川が合流した下流では洪水が多発、勿論、江戸にも大きな被害をもたらした。但し、多くの土砂が運ばれ、のちの埋め立てに役立った。反対に、入間川は水量が少なく、交通路としての利用が難しかった。全般に、各河川が独立して流れ、相互の行き来ができず、交通ネットワークを成していなかった。）

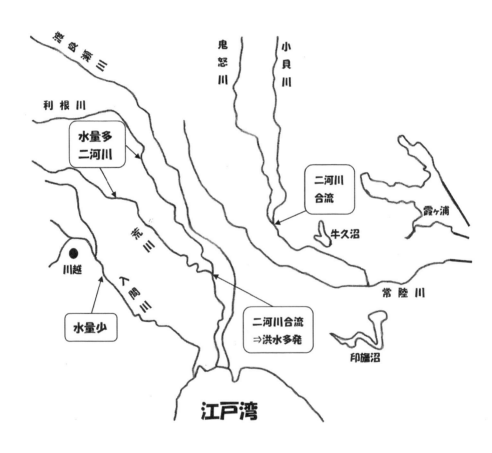

図２：関東の河川＜江戸期後＞

（江戸初期に、河川改修が大規模に行われた。水量が多かった利根川を江戸湾へ流
れ込むルートから、銚子の太平洋側に流す、開削と流路変更の、いわゆる「東遷」
が行われた。利根川同様、水量が多かった荒川の流れを入間川に流す、開削と流路
変更が行われ、水量が増加することによって交通路として利用できるようになった。
特に、川越はその恩恵を受けることとなった。開削・流路変更は、各河川を結び付
けることとなり、河川による交通ネットワークが形成されることとなった。但し、
従来から、小貝川と鬼怒川が合流することによって洪水が発生していたが、さらに、
水量の多い利根川がさらに合流することとなり、洪水が頻発することとなった。）

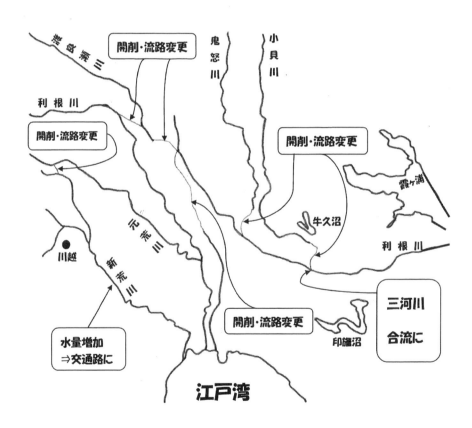

図3：最近100年間の海洋プレート型地震（一部、内陸活断層型地震を含む）

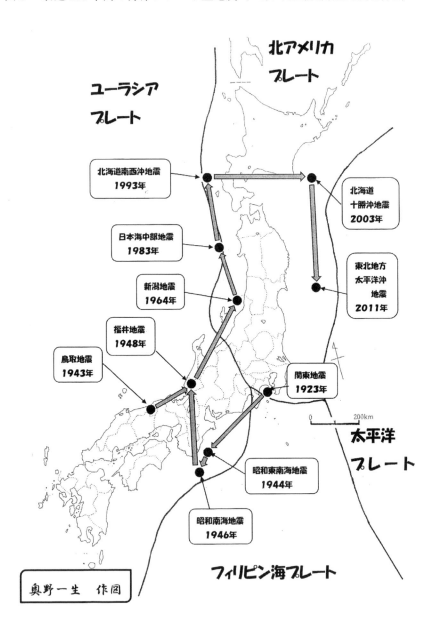

地図1：20万分の1地勢図「東京」平成3年要部修正　　　（0.9倍に縮小）
　　　東京国際空港・ディズニーランド　描図
地図2：5万分の1地形図「東京東南部」昭和28年応急修正（0.9倍に縮小）
　　　羽田空港　描図

地図3：20万分の1地勢図「姫路」平成2年要部修正　　（0.9倍に縮小）
　　山崎断層に沿った中国自動車道　描図

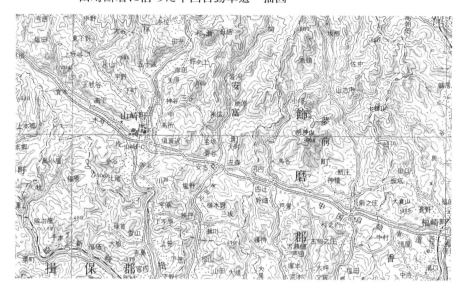

地図4：20万分の1地勢図「高知」平成17年要部修正　　（0.9倍に縮小）
　　中央構造線に沿った松山自動車道　描図

地図5：20万分の1地勢図「開聞岳」昭和60年編集 　　　(0.9倍に縮小)
　　　　鬼界カルデラ・硫黄島　描図

地図6：20万分の1輯製図「熊本」明治22年輯製製版 　　　(0.7倍に縮小)
　　　　島原・九十九島・島原海湾・熊本　描図

写真1：浦安の旧江戸川旧三角州先端部（千葉県浦安市）
　　　　〈中央の電柱部分、右道路中央分離帯は旧堤防の名残〉

写真2：浦安の東京ディズニーランド行バス乗り場（千葉県浦安市）
　　　　〈浦安駅から徒歩地点にあった。現在は駐輪場になっている〉

写真3：舞浜駅（千葉県浦安市）〈開業当初、現在は改装されている〉

写真4：伊豆大島波浮港（東京都大島町）
　　　　〈旧火口湖が、側壁の崩落により海水が流入、天然の良港として使用されている〉

写真5：伊豆大島地層断面（東京都大島町）〈度重なる噴火によって降り注いだ
　　　　火山灰が幾重にも重なっている。道路建設で出現〉

写真6：伊豆大島三原山噴火で流れ出た溶岩跡（東京都大島町）〈1986年の噴火〉

写真7：伊豆大島三原山旧登山道（東京都大島町）
〈山体斜面で噴火、旧登山道が吹き飛ばされた〉

写真8：伊豆大島三原山割れ目噴火（東京都大島町）
〈1986年の噴火、左は山体斜面の割れ目噴火場所〉

写真 9 ：三宅島旧阿古集落（東京都三宅村）
　　　　〈1983 年雄山の噴火による溶岩流で集落のほとんどが埋まる〉

写真 10：三宅島旧阿古集落の溶岩流先端（東京都三宅村）
　　　　〈クッキー屋さんの建物の手前で止まる〉

写真 11：三宅島旧阿古小学校の屋上（東京都三宅村）
　　　　〈屋上の高さまで堆積した溶岩流〉

写真 12：三宅島旧阿古小学校のプール（東京都三宅村）
　　　　〈プールの背後に迫った溶岩流〉

写真 13：奥尻島旧青苗港（北海道奥尻町）
　　　　〈日本海中部地震による津波で漁船が打ち上げられて右手の建物の右端
　　　　に衝突、壁面がやや異なるのは、補修によるもの〉

写真 14：奥尻島西海岸津波痕跡地点①（北海道奥尻町）
　　　　〈上に津波の高さ［写真 15］〉、下に案内標識［写真 16］表示〉

写真15：奥尻島西海岸津波痕跡地点②（北海道奥尻町）
　　　　〈1993年北海道南西沖地震による津波の高さ表示〉

写真16：奥尻島西海岸津波痕跡地点③（北海道奥尻町）
　　　　〈1993年北海道南西沖地震による津波痕跡地点の案内標識〉

写真17：奥尻島旧青苗集落（北海道奥尻町）
　　　　〈1993年北海道南西沖地震発生前の様子、奥の碑は徳洋記念碑〉

写真18：奥尻島旧青苗集落のあった場所（北海道奥尻町）
　　　　〈写真17と同じ地点、現在は公園となる。集落はかさ上げ移転した〉

写真 19：田老町の防潮堤跡（岩手県宮古市）
　　　　〈2011 年の東日本大震災による津波で破壊された。後方は、田老観光ホテル跡〉

写真 20：田老観光ホテル跡（岩手県宮古市）
　　　　〈2011 年の東日本大震災による津波が 3 階部分にまで押し寄せ、破壊された〉

【3】大地形

（1）大地形と小地形

　大地形とは、大陸・大山脈・弧状列島・海溝・海嶺・大断層などの、比較的、大規模な地形をまとめた総称です。では、大地形はどのようにしてできるのでしょうか、それは地球の表面をおおう、プレートの移動による、地球内部からの内的営力の地殻運動でできます。

　小地形とは、山地・平野・海岸などの、比較的、小規模な地形をまとめた総称です。では、小地形はどのようにしてできるのでしょうか、それは地球内部からの内的営力と、外部からの外的営力でできます。

（2）内的営力と外的営力

　内的営力とは、地球内部から働く力で、地殻運動の内、造陸運動は、広い地域での隆起・沈降活動を、造山運動は、狭い地域での褶曲・断層活動を意味し、火山活動は、マグマの噴出などによる地殻変動で、独特の火山地形を作ります。

　外的営力とは、地球表面に外部から働く力で、風化作用として、太陽・水・大気・生物による分解作用、侵食作用として、風・水・氷・波などによる侵食作用、堆積作用として、風・水・氷・波などによる堆積作用があります。

（3）地形輪廻（侵食輪廻）：ディヴィス提唱

　地形輪廻（侵食輪廻）は、1884 年にアメリカ合衆国のウィリアム・モーリス・ディヴィスが提唱したもので、河川の浸食により、地形が変化していく過程、すなわち、原地形⇒幼年期⇒壮年期⇒老年期⇒準平原と変化していくことを指摘しました。

　原地形は、内的営力で形成された侵食前の平坦面、幼年期地形は河川がＶ字谷を刻むが、他は高原状の状況、壮年期地形は侵食が進み、起伏（高低差）が最大となり、尾根は鋭く尖がり、谷は深いＶ字谷となる状況です。老年期地形は、侵食が進み、起伏が小さくなり、山は丘陵状、谷は谷底が

幅広く、全体に傾斜が緩やかな状況、準平原は、侵食基準面まで低下、平原状になり、残丘が見られることがあるという状況です。

（4）大陸の分裂と移動①：ヴェゲナー提唱の大陸移動説

　大陸移動説は、1912年にドイツのアルフレート・ヴェゲナーが提唱したもので、南アメリカ大陸とアフリカ大陸の海岸線の合致から、かつて一つの大陸（超大陸）があり、その後、分裂、移動したと指摘しました。しかし、その後、一時、廃れました。

　地形学的根拠として海岸線だけではなく大陸棚の端が合致すること、地球物理学的根拠として大陸の水平移動の可能性があること、地質学的根拠として地質構造の一致、生物地理学的根拠として生物分布の一致、古気候学的根拠として現在の気候と異なる気候の存在、以上から提唱したわけですが、当時の物理学では大陸を動かす力が説明できない状況でした。

（5）大陸の分裂と移動②：プレートテクトニクス説

　プレートテクトニクス説は、1970年代に確立されたもので、地球表面は、十数枚のプレートからなり、その上の大陸は、プレートの移動により、大陸も移動、長期間の移動で、大陸の分裂と衝突がおこり、現在の大陸分布となったということです。

　今後も、プレートは移動、大陸の分裂と衝突が継続するので、未来の大陸分布や位置、山脈の高度は変化します。プレート移動は、地球内部のマントル対流によるもので、各プレートは、それぞれ固有の方向へ年に数cmの速さで移動しています。なお、プレートの起源ですが、約38億年前には存在していたとされています。

（6）大陸の分裂と移動③：パンゲアから大山脈誕生まで

　中生代初期の約2億2500年前は、パンゲア（古大陸）・古太平洋・テティス海（地中海の前身）があり、中生代中期の約1億8000年前には、ゴンドワナ大陸（南アメリカ・アフリカ・インド・オーストラリア・南極）とローラシア大陸（ユーラシア・北アメリカ）に分裂、中生代末期の約6500万年前には、

ゴンドワナ大陸が分裂、さらにローラシア大陸が分裂しました。

その後、インドがユーラシア大陸に衝突してヒマラヤ山脈が誕生、アフリカがユーラシア大陸に衝突してアルプス山脈が誕生しました。

（7）プレートの種類と名称：大陸プレートと海洋プレート

大陸プレートは、大陸がプレート上にあるもので、ユーラシアプレート、アフリカプレート、北アメリカプレート、南アメリカプレート、インド・オーストラリアプレート、南極プレート、アラビアプレート、イランプレートがあります。

海洋プレートは、海洋がプレート上にあるもので、太平洋プレート、フィリピン海プレート、ナスカプレート、ココスプレートがあり、海洋プレートは大陸プレートの下に沈み込むことによってひずみがたまり、そのひずみ解消により、大地震・大津波が発生すると指摘されています。

（8）プレートと日本の地震・津波①：日本での４つのプレート

日本は、二つの大陸プレート上に位置し、太平洋側に他の二つの海洋プレートがあります。フォッサ・マグナ（大地溝帯）は大陸プレート境界、すなわち北アメリカプレートとユーラシアプレートの境界です。

太平洋側のプレートとして、海洋プレートが、すなわち太平洋プレートとフィリピン海プレートがあり、太平洋側の海洋プレートが、大陸プレートの下に沈み込むことによって、ひずみ発生、ひずみ解消により地震・津波が発生します。なお、プレート境界以外に、中央構造線（メジアンライン）など、日本には多数の断層があります。

（9）プレートと日本の地震・津波②：日本のプレート境界

西日本の太平洋側では、ユーラシアプレートとフィリピン海プレートの境界で、1940 年代に、1944 年の東南海沖地震、1946 年の南海地震が発生しました。

東日本の日本海側では、ユーラシアプレートと北アメリカプレートの境界で、1960 ～ 90 年代に、1964 年新潟地震、1983 年日本海中部地震、

1993年北海道南西沖地震が発生しました。

東日本の太平洋側では、北アメリカプレートと太平洋プレートの境界で、2000年代に、2003年北海道十勝沖地震、2011年東北地方太平洋沖地震が発生しました。

(10) プレートのさまざまな境界①：狭まる・広がる・ずれる境界

プレートの境界は、3種類に区分されます。

狭まる境界は、となりあうプレートが押し合うもので、陸でプレートが盛り上がって大山脈が、海でプレートが盛り上がって弧状列島が、海でプレートが沈み込んで海溝が形成されます。

広がる境界は、となりあうプレートが引っ張り合うもので、境界の隙間からマグマが噴出して、海嶺が形成されます。

ずれる境界は、となりあうプレートがすれちがうもので、陸でプレートがすれちがうと、陸上に大断層が出現します。

(11) プレートのさまざまな境界②：大山脈・海溝・海嶺・大断層

狭まる境界における大山脈の例としては、ヒマラヤ山脈・アンデス山脈が、弧状列島の例としては日本列島・フィリピン群島が、海溝の例としてはマリアナ海溝・ペルーチリ海溝があります。

広がる境界における海嶺の例としては、大西洋中央海嶺・インド洋中央海嶺があります。ずれる境界における大断層の例としては、サンアンドレアス断層（アメリカ合衆国西部カリフォルニア州）、北アナトリア断層（トルコ）があります。

(12) プレートの境界にある地形とホットスポット

広がる境界が地上にあると、アイスランドの「ギャオ」といったように、大西洋中央海嶺が地上に現れ、大地の裂け目となります。ずれる境界が地上にあると、サンアンドレアス断層（アメリカ合衆国西部カルフォルニア州）や北アナトリア断層（トルコ）といった大断層が地上に現れ、1906年のサンフランシスコ地震など、定期的に大地震を引き起こしています。

広がる境界の影響を受けて、大陸の裂け目が拡大しているのが、紅海（アフリカとアラビアの広がる境界）の延長上にある、アフリカ大陸の大地溝帯（巨大な裂け目で、地溝湖・断層湖がある）で、溶岩が噴出する火山もあります。ホットスポットとは、プレート内部、点状のマントル噴出地で、アメリカ合衆国のハワイ諸島・イエローストーンが代表例です。

（13）世界の地体構造：安定陸塊・古期造山帯・新期造山帯

世界の地体構造は、形成時期と地形の形状から、3つの大地形に区分されます。

安定陸塊は、先カンブリア時代に地殻変動を受け、その後は安定し、長期の浸食を受けて台地や平原となり、高度は 1,000 m 以下が多い。

古期造山帯は、古生代の造山運動で大山脈を形成、その後は浸食で、なだらかな山容となったものです。

新期造山帯は、新生代の造山運動で大山脈を形成、その後は浸食がわずかで、険しい山容となったものです。

（14）世界の大地形：大陸別分布

ユーラシア大陸、すなわち、アジア大陸とヨーロッパ大陸には、3つの大地形がすべてあります。アフリカ大陸にもすべてあるものの、安定陸塊が大部分を占め、北端に新期造山帯、南端に古期造山帯が一部あるのみです。

アメリカ大陸、特に北アメリカ大陸には3つの大地形がすべてあるものの、南アメリカ大陸では安定陸塊と新期造山帯が大部分で、古期造山帯は極めてわずかです。オーストラリア大陸は、安定陸塊と古期造山帯のみです。

（15）世界の大地形：島嶼別分布

グレートブリテン島（イギリス）は、安定陸塊と古期造山帯、スヴァールバル諸島（ノルウェー）は、古期造山帯、セイロン島（スリランカ）・マダガスカル島は、安定陸塊です。

シチリア島・スマトラ島・ジャワ島・カリマンタン島・スラウェシ島は、新期造山帯のアルプス・ヒマラヤ造山帯、西インド諸島・アリューシャ

ン列島・千島列島・日本列島・台湾・フィリピン諸島・ニューギニア島・ニューカレドニア島・ニュージーランド北島・南島は、新期造山帯の環太平洋造山帯です。

(16) 世界の大地形の影響①：地形の特色

安定陸塊は台地・大平原といった平坦地のため、広大な農業地帯となることもあり、世界の大農業地帯は安定陸塊地域に分布します。また、通行が容易なため、大規模な民族の移動が可能となり、かつて、ゲルマン民族の大移動などがありました。

古期造山帯はなだらかな山容で、起伏があるため、林業・工業に活用されることもあり、世界的な工業地帯が古期造山帯地域に分布します。また、完全な交通の妨げにならず、峠が交通の要衝となり、比較的交流は盛んとなりました。

新期造山帯は険しい山容で、険しい大山脈があるため、産業に工夫が必要となり、それが経済発展と関わることとなり、国土が新期造山帯のみの場合、発展途上国が比較的多いこととなっています。また、交通の妨げになる事があって、国境などの境界となり、交流の制約となります。

(17) 世界の大地形の影響②：代表的産出資源

安定陸塊の代表的産出資源は、良質の鉄鉱石で、鉄鉱石を使用する製鉄は、近代工業で重要となります。しかし、鉄鉱石を産出しても、輸出するのか、自国で使用するのかで、差異が発生します。

古期造山帯の代表的産出資源は、良質の石炭で、石炭は蒸気機関の燃料となって産業革命で重要となります。しかし、石炭を産出するものの、産業革命を成し遂げたかどうかで、差異が発生します。

新期造山帯の代表的産出資源は、金・銀・銅・石油で、銅は電気電子工業で、石油は燃料・原料で重要となります。しかし、銅・石油を産出しても、輸出するのか、自国で使用するのかで、差異が発生します。

（18）世界の大地形の影響③：古代文明発祥の地

　古代から近代への世界の中心地の変遷をみると、安定陸塊の地が古代文明発祥の地となりました。安定陸塊は広く大陸に分布、大陸内陸は乾燥地域となり、安定陸塊（大地形）は広大な平坦地で、そこに乾燥地域の外である湿潤地域から来て乾燥地域を流れる外来河川は豊富な水量があり、その外来河川（小地形）によって、広大な農業地帯となります。

　すなわち、豊かな農業が食料獲得の心配を無くし、その余裕が文化の誕生となりました。農業（agriculture）が文化（culture）を生み出すわけで、文化が成熟して、いち早く古代文明を誕生させたわけです。

　勿論、移動が容易であることから、交流が活発となり、それが文化・文明の発達につながるなど、大きく影響しました。

（19）世界の大地形の影響④：地中海沿岸の新期造山帯

　古代から近代への世界の中心地の変遷をみると、新期造山帯（アルプス・ヒマラヤ造山帯）地域で、古代から近代にかけて、地中海沿岸の新期造山帯地域である南ヨーロッパのギリシャ・ローマ（イタリア）・ポルトガル・スペインが世界の中心地となりました。

　すなわち、新期造山帯の山の斜面では水はけがよく、樹木作物栽培に適し、ブドウとコルクガシが栽培され、ワインとコルク栓に利用されました。山の高度差は、高度で気温が異なることとなり、季節により家畜を移動させる移牧で、多様な家畜飼育が可能となります。羊・山羊・乳牛から羊毛・肉・牛乳が生産され、バター・チーズに加工され、防寒着・保存食などとして活用、豊かな衣食生活を可能としたわけです。

　よりよい生活を求めて、新期造山帯の「山」の活用と家畜飼育があったわけです。

（20）世界の大地形の影響⑤：西ヨーロッパの古期造山帯

　近代以降、世界の中心地の変遷をみると、古期造山帯が西ヨーロッパのイギリス・フランス・ドイツにあり、古期造山帯で良質の石炭を産出しました。蒸気機関が発明され、蒸気機関の燃料に石炭を使用、蒸気機関を動

力源とし、機械での大量生産が可能となりました。それが、産業革命の早期達成となって、先進工業国となり、安価大量の工業製品を輸出、世界の工場として、先進国中の先進国になりました。

　古期造山帯は、アメリカ合衆国・オーストラリアにもあります。しかし、古期造山帯があっても、先進国化が遅れた国があり、古期造山帯がなくても、先進国となった国もあります。このそれぞれの差異を考えることも重要となってきます。

（21）世界の大地形の影響⑥：資源の産出と自国使用・輸出

　資源を産出する・産出しないで、大きな差異となり、産出しても、輸出・自国で使用するかで、差異となり、自国で産出する・産出しない、その知識でも差異となります。すなわち、以上の状況を、的確に判断し、どう対応するか、指導者の存在が大きいと考えられます。

　先進国は、産出し、早くに自国で使用、産出しない場合、早くに海外で確保しました。発展途上国は、産出しても、輸出が中心である場合が多く、産出しない場合、確保が必要となります。過去の判断が、今日まで影響することも多いのが現状です。

（22）世界の大地形の影響⑦：安定陸塊・古期造山帯・新期造山帯が揃う

　安定陸塊・古期造山帯・新期造山帯のすべてが国内に揃う国は、アメリカ合衆国・ロシア・中国の三か国です。一つの国内ではないが、ヨーロッパ全体ではすべて揃います。すべて揃えば、幅広い資源が自国で産出可能となり、輸入に頼らずに済み、輸出も可能となります。

　したがって、ヨーロッパも、全体がまとまれば、幅広い資源がヨーロッパ内で産出可能、調達可能となり、地位向上となります。そこから、ヨーロッパ経済共同体・ヨーロッパ石炭鉄鋼共同体・ヨーロッパ原子力共同体の３共同体が一本化されて、1967 年ヨーロッパ共同体（ＥＣ）発足、1993年ヨーロッパ連合（ＥＵ）発足となり、このヨーロッパとアメリカ合衆国が、資源活用で世界の中心的な先進国群・先進国となったわけです。

（23）世界の大地形の影響⑧：ロシアと中国

　再度ですが、安定陸塊・古期造山帯・新期造山帯のすべてが国内にある国は、アメリカ合衆国・ロシア・中国の三か国です。

　1922年ソビエト社会主義共和国連邦が発足、1991年ソビエト連邦消滅、1992年ロシア連邦となりました。1949年中華人民共和国が成立、1978年中国経済体制改革、1992年改革開放政策が行われました。

　ロシアは、2017年において、石炭輸出世界第3位、原油輸出世界第2位、天然ガス輸出世界第1位と、エネルギー資源の輸出国となり、輸出額の6割が原材料と燃料となっています。中国は、2017年において、石炭輸入世界第1位、原油輸入世界第1位、鉄鉱石輸入世界第1位、銅（地金）輸入世界第1位と、エネルギー資源・金属資源の輸入国になり、輸入額の3割が原材料と燃料となっています。

　このように、ロシアと中国は、安定陸塊・古期造山帯・新期造山帯のすべてが国内にある国ですが、資源の輸出入については、極めて対照的な状況となっています。大地形の共通性とともに、同じく社会主義革命を経験した共通点がありますが、貿易の状況に大きな差があり、その要因を考えることも課題となります。

「まとめ」：
　大陸移動とは、何か。
　大山脈・弧状列島・海溝の事例には、何があるか。
　世界の地体構造は、どのように区分されるか。

「考察」：
　大陸移動の要因は、何か。
　大山脈・弧状列島・海溝の形成理由は、何か。
　世界の大地形の差異は、歴史にどのような影響を与えたか。

【4】安定陸塊地域

（1）安定陸塊とは何か

　安定陸塊は、世界の大地形区分、3つの内の一つで、各大陸の大部分を占めます。先カンブリア代に造山運動があったのち、はげしい地殻変動を経験せず、その後は侵食が継続し、高度が低下、大部分が、海抜高度1,000m以下です。

　平坦な地形で、大平原や広大な台地となり、きわめて硬い岩石がある場合、侵食から取り残されて、残丘（モナドノック）の地形となります。

（2）安定陸塊地域の分布

　大陸プレートの上に、大陸が分布、そこに安定陸塊が分布します。

　ユーラシアプレートには、バルト楯状地・シナ地塊・ロシア卓状地・シベリア卓状地が、アフリカプレートには、アフリカ卓状地、北アメリカプレートには、カナダ楯状地、南アメリカプレートには、ブラジル地塊、インド・オーストラリアプレートには、インド地塊・オーストラリア楯状地、南極プレートには、南極卓状地、アラビアプレートには、アラビア楯状地があります。

（3）安定陸塊地域の地形区分①：準平原

　侵食前の地形からの区分として、まず、準平原があります。準平原とは、先カンブリア時代の地殻変動により、褶曲を受け、地層が水平ではない地形であったのが、長期の浸食により、平坦な平原となったものです。

　最初から平原ではなく、侵食で平原となった、そこから「準平原」という、平原に準ずるという意味で用いられています。最初から平坦・平原ではなく、凸凹があったわけで、きわめて硬い岩石やでっぱりがあると、侵食から取り残されて、残丘の地形となります。

（4）安定陸塊地域の地形区分②：構造平野

　侵食前の地形からの区分として、ついで、構造平野があります。構造

平野は、地層が、大きな褶曲を受けず、水平で、その後の浸食によっても、水平が継続、最初から平坦な平野のため「構造的」に平野、すなわち「もともとから」平野という意味で用いられています。基本的な用語の使用として、もともとからを、「構造的」といいます。

用法として、構造的問題とは、最初から、基本的に、もともとからなど、修理や解決がむずかしいときに使われ、問題解決の時に、構造的かどうかが大切となります。

（5）安定陸塊地域の地形区分③：楯状地

侵食後の地形からの区分として、まず、楯状地があります。楯状地は、「楯」を伏せたような地形で、きわめてゆるやかに、地層が曲がった地形です。曲部のへこんだ部分のところに海水が入ると、「湾」となりますが、水深が極めて浅い湾となり、緯度が高いと、冬季に凍結、船が通行できません。

事例としては、北アメリカのカナダ楯状地、その湾はハドソン湾で冬季凍結、ヨーロッパのバルト楯状地、その湾はボスニア湾で冬季凍結、特にボスニア湾の凍結は、周辺国に大きな影響を及ぼします。

（6）安定陸塊地域の地形区分④：卓状地

侵食後の地形からの区分として、ついで、卓状地があります。卓状地は、中央部が平坦な台地状の地形で、海や川からは高度差があり、海岸や川岸などは、断崖や絶壁となります。したがって、海岸では上陸の障害となり、川岸近くでも水が得にくく、高度によって気温が低くなり、高緯度では、寒極となります。

卓状地とその影響の事例としては、アフリカ卓状地で上陸の障害で開発が遅れ、ロシア卓状地では気温の低下で農業に影響、シベリア卓状地は気温の低下で、寒極となっています。このように、アフリカ・ロシアに大きな影響を与えました。

（7）安定陸塊地域の主要資源①：スウェーデンの鉄鉱石

鉄鉱石は、バルト楯状地（バルト海沿岸）、スウェーデン北部、ノルウェー国境近くで産出します。きわめて高品位（純度が高い・不純物が少ない・高価で取引）の鉄鉱石産出地として有名で、この鉄鉱石から作られた鉄鋼は、高品質となるところから、ドイツに輸出され、精密機械用に最適として使用され、スウェーデンの高い社会保障・福祉政策を支えています。

冬季は、スウェーデンのボスニア湾のルレオ港が凍結するため、国境の山脈を鉄道で越えて、ノルウェーのナルビク港から輸出されます。

（8）安定陸塊地域の主要資源②：オーストラリア・ブラジルの鉄鉱石

鉄鉱石は、オーストラリア楯状地・ブラジル地塊で産出します。オーストラリアの北西部や南部で産出、気候は砂漠気候、港まで鉄道で輸送され、日本や中国などのアジア方面、遠くはヨーロッパ方面に輸出されます。その産出量は世界第1位（2016年）、輸出量も世界第1位（2017年）です。

ブラジルの内陸部は、カラジャスやイタビラで産出、気候は熱帯サバナ気候で、港まで鉄道で輸送、日本などのアジア方面、アメリカ合衆国、遠くはヨーロッパ方面に輸出されます。また、ブラジルの国内での製鉄にも使用されて、製鉄工業や関連工業など、工業化に貢献しています。その産出量は世界第2位（2016年）、輸出量は世界第2位（2017年）です。

（9）安定陸塊地域の主要資源③：カナダ・アメリカ合衆国の鉄鉱石

鉄鉱石は、カナダ楯状地で産出、アメリカ合衆国・カナダの両国です。アメリカ合衆国では五大湖のスペリオル湖近くのメサビ鉄山で産出、五大湖の水運を利用して、五大湖沿岸鉄鋼業都市に輸送され、アメリカ合衆国の北部の工業化に大きく貢献しました。カナダでは、ケベック州のラブラドル高原で産出、アメリカ合衆国などへ輸出されます。

なお、イギリス・フランスにも安定陸塊の一部があり、かつて鉄鉱石を産出しました。以上のようにアメリカ合衆国・カナダ・イギリス・フランスの工業化・先進国化に、安定陸塊の鉄鉱石産出が大きく貢献しました。

（10）安定陸塊地域の主要資源④：インド・中国・朝鮮半島の鉄鉱石

　鉄鉱石は、インド地塊・シナ地塊などで産出、インド・中国・朝鮮半島です。中国では、長江（揚子江）中流域のターイエで産出、かつて、日本の三池炭（石炭）が中国に運ばれ、ターイエの鉄鉱石が、輸入に便利な北九州の八幡製鉄所に運ばれ、筑豊炭を使用して製鉄されました。

　中国の東北地方（旧・満州）や朝鮮半島でも鉄鉱石を産出、新期造山帯で良質の鉄鉱石に恵まれない日本は、戦前、この方面からの鉄鉱石に期待、このことが、日本の朝鮮・満州進出につながりました。

（11）安定陸塊地域の主要資源⑤：ダイヤモンド・レアメタル

　ダイヤモンドは、アフリカ卓状地・シベリア卓状地で産出、アフリカ、特に南部の南アフリカ共和国・ボツワナ・ナミビア・タンザニア・コンゴ民主共和国などで産出が多い資源です。南アフリカ共和国は、資源が豊富であることが、アパルトヘイトに影響しました。この資源産出が、アフリカでの内紛にも関係しています。また、ダイヤモンドは、ロシアが産出世界第1位（2016年）、特にシベリアで産出が多く、貴重な輸出品となっています。

　なお、アフリカを中心として、中国など、安定陸塊では、レアメタルの産出も多いのです。

（12）安定陸塊地域で見られる地形①：ケスタ地形

　ケスタ地形は、硬軟（硬い地層と軟らかい地層）の地層が交互に堆積し、ゆるやかに傾いた場所にできる崖地形で、硬い地層の端が崖（ケスタ）となります。

　事例としては、フランスのパリ盆地・イギリスのロンドン盆地があります。パリ盆地とロンドン盆地は、いくつものケスタの崖に囲まれた天然の城壁の内側で、両首都は、その中心に位置し、防衛上最適な都市となります。また、ケスタ斜面は、水はけがよく、ブドウ栽培に最適となります。

(13) 安定陸塊地域で見られる地形②：エスチュアリー（三角江）

　エスチュアリー（三角江）は、川の河口が、大きく海に向かって広がった地形で、高低差がわずかで、安定陸塊の海岸にできやすい。海から川に入りやすく、外洋船が川をさかのぼります。エスチュアリーを河口に持つ河川の流域に、その国の政治・経済上の重要都市が立地しています。

　国とエスチュアリーの川、立地都市の事例としては、イギリスのテムズ川にロンドンが立地、フランスのセーヌ川にパリが立地、ドイツのエルベ川にハンブルグが立地、カナダのセントローレンス川にモントリオールが立地しています。

(14) 安定陸塊地域と歴史①：アフリカ大陸とアフリカ卓状地

　アフリカ大陸は、ほとんどが安定陸塊で、広大なアフリカ卓状地が分布します。アフリカ大陸は、ヨーロッパ人が「旧大陸」としたように、古くから知られていた大陸です。しかしながら、長らく、未知の大陸でもありました。また、黒人の人びとが奴隷として連れていかれたこともよく知られていますが、それは一部の地域の人々が中心でした。

　それは、アフリカが卓状地で、特に南部の海岸は断崖絶壁をなし、ヨーロッパ人の上陸を阻み、気候は熱帯気候と乾燥帯気候の砂漠気候が中心で、空気の薄い高原もあり、過酷な気候であることも、大きく影響しました。

(15) 安定陸塊地域と歴史②：アフリカ卓状地と資源産出

　アフリカ大陸は、ほとんどが安定陸塊で、広大なアフリカ卓状地が分布します。アフリカ大陸は、資源が豊富に分布しますが、開発が遅れたためにまだ採掘されていない資源があり、今後、有望な資源産出地として期待されます。その中で、ギニア湾沿岸の国々は比較的早くに開発されました。

　それは、アフリカ大陸は卓状地ですが、ギニア湾沿岸は砂浜海岸で輸送に便利であり、リベリア（鉄鉱石）・コートジボワール（象牙海岸）・ガーナ（黄金海岸・金鉱石、かつてカカオ世界一）・ナイジェリア（石油）・ガボン（マンガン）など、比較的早くに開発が行われました。その後、アフリカ大陸中南部のザイール（現・コンゴ民主共和国）やザンビアで大量の銅資源の埋

蔵が確認され、カッパーベルト（銅地帯）と称されることとなりましたが、鉱産資源をめぐって政情不安もあり、順調で安定した産出が待たれるところです。

（16）安定陸塊地域と歴史③：ブラジル卓状地と農牧業

　ブラジルは、安定陸塊で、広大なブラジル卓状地が分布しています。1500年にブラジルはポルトガル領となりますが、アンデス（新期造山帯）はスペイン領となり、銀を大量産出、スペインは、「太陽の沈まぬ国」と称される大国となりました。その一方、銀を産出しないポルトガル領のブラジル、また、アフリカのポルトガル進出地も安定陸塊で銀を産出せず、銀を産出する植民地を獲得したスペインと大差が開くこととなりました。

　ブラジルは、1822年に独立を宣言、コーヒー栽培が発展、1902年に日本人の移住が開始され、日系人は約160万人となります。低緯度に卓状地があり、その高度によって気温が低下するため、農業や居住に比較的適することとなり、安定陸塊のブラジル高原が大農牧業地域となっています。2018年において、とうもろこし生産世界第3位、大豆生産世界第2位、オレンジ類の生産世界第2位、パイナップルの生産世界第3位、葉タバコ生産世界第2位、コーヒー豆の生産世界第1位、サトウキビの生産世界第1位、サイザル麻の生産世界第1位、牛肉の生産世界第2位、牛乳の生産世界第3位と、世界トップクラスの農畜産物が多数あります。

（17）安定陸塊地域と歴史④：ブラジルの経済発展

　ブラジルは、安定陸塊で、広大なブラジル卓状地が分布しています。かつて南アメリカ大陸で経済力があった国を、ＡＢＣ三国と称しました。アルゼンチン（A）は農牧業が発達、温暖で肥沃なパンパ地帯が広がり、ブラジル（B）は農牧業のみならず、鉱工業も発達、チリ（C）は鉱産資源が豊富で、地中海性気候もあります。

　では、ブラジルだけが、なぜ、その後、経済的に発展したのか、その理由は中南アメリカで、広大な安定陸塊が広がる国であることによります。すなわち、アルゼンチンやチリは、新期造山帯である環太平洋造山帯のア

ンデス山脈の地が中心となっているのに対して、ブラジルは鉄鉱石が豊富
な安定陸塊の楯状地が中心で、鉄鉱石を活用して製鉄所を立地させ、第二
次産業の鉄鋼業（製鉄）のみならず、自動車・航空機工業も発達させたこ
とによります。やはり、鉄鉱石は工業の礎となり、それを自国内で製鉄、
さらに他の工業に活用することが、重要であることを示しています。ブラ
ジルの鉄鉱石産出は世界第2位（2016年）、輸出も第2位（2017年）です。

（18）安定陸塊地域と歴史⑤：ロシア卓状地・シベリア卓状地

　ロシア・ソ連は、安定陸塊が国土の広大な部分を占めます。ロシア卓状
地やシベリア卓状地が分布しますが、高緯度に位置して気温が低く、さら
に高度がある卓状地で気温が低下、農業に影響が出ることとなり、シベリ
アは北極よりも気温が低い寒極（北半球で最も低温）となっています。

　そこから、ぜひとも、気温が比較的高い南の土地を獲得したいという、
南下政策を進めます。ロシアの南に隣接するのがトルコ（オスマン帝国）・
中国で、露土戦争（10回以上発生）・日露戦争（満州争奪）が発生します。な
お、日本海に面した極東の都市であるウラジオストク、その地名には、ウ
ラジ（支配）・ボストーク（東）という意味があります。

（19）安定陸塊地域と歴史⑥：インド地塊と農業・鉱工業

　インドは、安定陸塊のインド地塊で、国土のほとんどが安定陸塊、デ
カン高原が広がります。デカン高原での綿花栽培により、綿工業（軽工業）
が発達、鉄鉱石は東部のオリッサ州や南部のゴアでの産出により製鉄業
（重工業）が発達、この工業発達で経済が成長しました。インドの鉄鉱石産
出は、世界第4位（2016年）、輸出は世界第6位（2017年）です。

　安定陸塊でイギリス植民地だったのが、インド（発展途上国）、アメリカ
合衆国・カナダ・オーストラリア（先進国）です。インドは旧大陸で人口
が多く、人口圧から海外志向が高まり、早くから商人として海外へ進出、
特に綿製品販売業に従事する人を、かつては多く輩出しました。

(20) 安定陸塊地域と歴史⑦：ＢＲＩＣｓとＢＲＩＣＳ

　ＢＲＩＣｓとは、2000年代に経済成長が著しい国々で、ブラジル・ロシア・インド・中国を指します。その共通点は、安定陸塊の地域が国内にあり、鉄鉱石などの資源を産出することです。なお、ＢＲＩＣＳ（Ｓが大文字、国名を示す）の場合、南アフリカ共和国を加えたもので、共通点は同じです。

　経済成長には、発展途上国に多い、第一次産業や第一次産品（農産物・鉱産物）が中心の状況から、第二次産業の工業を発展させることが、まず欠かせません。これらの国々は、安定陸塊で産出する鉄鉱石で、工業を発展させているわけです。

(21) 安定陸塊地域と歴史⑧：カナダ楯状地と農牧業

　アメリカ合衆国・カナダには、安定陸塊のカナダ楯状地があります。1607年にヴァージニア（アメリカ合衆国）にイギリス植民地が創設され、1763年にカナダでのイギリスの支配権が確立され、1776年に東部13植民地（アメリカ合衆国）が独立を宣言、1862年にアメリカ合衆国においてホームステッド法で西部開拓を促進、1867年にカナダ自治領、1931年にカナダが独立しました。

　この地では、グレートプレーンズ・プレーリー・中央平原が広がり、大農牧業地域となっています。2018年において、アメリカ合衆国は、小麦の生産世界第4位、とうもろこしの生産世界第1位、大豆の生産世界第1位、じゃがいもの生産世界第5位、てんさいの生産世界第3位、綿花の生産世界第3位、牛肉の生産世界第1位、豚肉の生産世界第2位と、世界トップクラスの生産量を誇る農畜産物が多数あります。

(22) 安定陸塊地域と歴史⑨：オーストラリア楯状地と農牧業

　オーストラリアには、安定陸塊のオーストラリア楯状地があります。1770年にイギリス領有宣言、1828年に全土イギリス植民地、1931年にオーストラリアは独立国になりました。

　オーストラリア中部に、楯状地のくぼみである大鑽井盆地があり、地

下の帯水層まで掘り抜き井戸を掘って地下水を自噴させ、その水で広大な農地を潤し、大農牧業地域としました。2017年において、小麦輸出世界第4位、大麦輸出世界第1位、綿花輸出世界第3位など、農作物の生産が多いとともに、輸出も多い。これは、南半球では北半球と季節が逆になるため、収穫時期が異なり、その差異が北半球への輸出に有利となることによります。また、2017年において、羊毛の輸出世界第1位、牛肉の輸出世界第2位など、畜産物の生産が多いとともに、輸出も多く、やはり北半球の国々に輸出されています。日本でも、牛肉はオーストラリア産のＯＧビーフとして、よく消費されています。

(23) 安定陸塊地域と歴史⑩：オーストラリア楯状地と鉱業

　オーストラリアには、安定陸塊のオーストラリア楯状地があります。緯度から降水量が少なく、広大な砂漠が広がるため、資源探査が容易で、採掘も大規模な露天掘りが可能となり、採掘費用が安くなる利点があります。

　また、広大な砂漠が広がるため、道路や鉄道が最短の直線で建設可能、内陸で採掘された鉄鉱石を、超大編成の列車で輸出港まで運ぶことができ、輸送費も安く抑えることが可能となります。鉄鉱石は、北半球の欧米や中国・日本等に輸出されますが、このように採掘・輸送費が安いため、国際的な競争力があることとなり、オーストラリアは、南半球有数の先進国となったわけです。

「まとめ」：
　安定陸塊の地形区分には、大きく何があるか。
　安定陸塊で産出する主要資源には、何があり、主要産出国はどこか。
　安定陸塊で見られる地形には、何があり、それはどこにあるか。

「考察」：
　安定陸塊の卓状地が歴史に与えた影響には、何があるか。
　安定陸塊で産出する主要資源が、地元での工業に与えた影響の例は何か。
　安定陸塊のケスタ地形が都市に与えた影響には、何があるか。

【5】古期造山帯地域

（1）古期造山帯とは何か①

　古期造山帯は、世界の大地形区分、3つの内の一つです。古生代に造山運動があったのち、その後は、はげしい地殻変動を経験せず、侵食が継続し、高度が低下、大部分は、海抜高度2,000 m以下です。

　なだらかな山容で交通の障害になることが少なく、高低差を利用して水車を設置、水車が動力源として活用できました。また、山々は森林地帯となり、建築材・燃料・キノコ・どんぐりなどの食料・飼料を供給する場所となりました。

（2）古期造山帯とは何か②

　古期造山帯は、世界の大地形区分、3つの内の一つです。古生代に造山運動があり、古生代の石炭紀の地層で良質の石炭を産出、石炭紀の地層は、ヨーロッパと北アメリカに分布、ペルム紀の地層は、中国・インド・オーストラリア・アフリカに分布します。

　ヨーロッパと北アメリカでの良質な石炭資源産出、それを燃料とした蒸気機関による産業革命の達成、それを原料とした工業の産出地立地により、工業都市が発達、欧米が早い工業化・先進国化を果たすことに大きく貢献しました。

（3）古期造山帯地域の分布①：カレドニア山系

　ヨーロッパには、カレドニア山系があり、アイルランド島・グレートブリテン島北部から、スカンディナヴィア山脈、スヴァールバル諸島まで分布します。

　アイルランド島・グレートブリテン島北部は、アイルランド・イギリス北部のスコットランドで、スカンディナヴィア山脈は、スウェーデン・ノルウェーの山間部、スヴァールバル諸島は、北極圏でノルウェー領です。

（4）古期造山帯地域の分布②：ヘルシニア山系

　ヨーロッパには、ヘルシニア山系があり、グレートブリテン島中部から、ヨーロッパ大陸中部まで分布します。

　グレートブリテン島中部は、イギリス中部のイングランド、ヨーロッパ大陸中部は、フランス中南部のブルターニュ半島・サントラル高地・ジュラ山脈・ヴォージュ山脈、ドイツ・チェコ・ポーランドのエルツ山脈・スデーティ山脈です。

（5）古期造山帯地域の分布③：アルタイ山系・ウラル山系

　ユーラシア大陸には、アルタイ山系があり、ユーラシア大陸中央部で、中国内陸・モンゴル・ロシア南東・カザフスタンに分布します。テンシャン山脈・アルタイ山脈・ヤブロノヴィ山脈があり、かつて、テンシャン山脈は、東西交通路の峠となりました。

　また、ユーラシア大陸には、ウラル山系があり、ユーラシア大陸中西部で、ロシア中西部に位置するのがウラル山脈です。ウラル山脈は、東ヨーロッパ平原と西シベリアの間で、ヨーロッパとアジアの境界となります。以上のように、古期造山帯の山脈は、境界にはなりましたが、越えることは容易でした。

（6）古期造山帯地域の分布④：アパラチア山系・タスマン山系など

　アメリカ大陸には、アパラチア山系があり、北アメリカ大陸東部で、アメリカ合衆国東部に位置するのがアパラチア山脈です。なお、南アメリカ大陸には古期造山帯はわずかしかありません。

　オーストラリア大陸には、タスマン山系があり、オーストラリア大陸東部で、オーストラリア東部に位置するのがグレートディヴァイディング山脈・タスマニア島です。

　アフリカ大陸には、アフリカ大陸南端部に位置する、南アフリカ共和国のドラケンスバーグ山脈があります。

（7）古期造山帯地域の主要資源①：イギリスの石炭

石炭が、ヨーロッパの古期造山帯で産出します。西ヨーロッパの国々の
イギリス・フランス・ドイツで産出、産業革命の達成に貢献、先進国に導
きました。

特にイギリスは、グレートブリテン島の中部・北部のペニン山脈で産
出する石炭を活用、蒸気機関を使用した機械化生産による産業革命をいち
早く達成、世界の工場になりました。ミッドランドでは、バーミンガムの
鉄鋼業、ランカシャーでは、マンチェスターの綿工業、ヨークシャーでは、
リーズなどの羊毛工業が、かつて代表的な工業でした。

（8）古期造山帯地域の主要資源②：フランス・ドイツの石炭

石炭が、ヨーロッパの古期造山帯で産出します。西ヨーロッパの国々の
イギリス・フランス・ドイツで産出、産業革命の達成に貢献、先進国に導
きました。

フランスでは、南部のリヨンや北部の北フランスで石炭産出、北フラン
スのリールでは羊毛工業が、ドイツでは、ルールやザクセン（旧・東ドイ
ツ）で石炭産出、ルール工業地帯（エッセンなど）はヨーロッパ有数の工業
集積地となりました。なお、現・ドイツのザール地方は、石炭産出により、
フランスと領有権の争いが発生しました。

（9）古期造山帯地域の主要資源③：ノルウェーの石炭

石炭は、ヨーロッパの古期造山帯で産出しますが、北ヨーロッパでは、
ノルウェーのスヴァールバル諸島で産出、北海油田の石油とともに、貴重
な産出資源となっています。

ヨーロッパで、石炭・石油ともに産出する国がノルウェーとイギリス
で、ノルウェーは、ＥＵには加盟せず、イギリスは、ＥＵから離脱しまし
た。ノルウェーは、サーモン等、水産業が盛んであるなど、豊富な資源が
あり、高い社会保障・福祉政策を支えています。

(10) 古期造山帯地域の主要資源④：東ヨーロッパの石炭

　石炭は、ヨーロッパの古期造山帯で産出しますが、東ヨーロッパではポーランド南部のシロンスク、チェコ東部のボヘミアで産出、東ヨーロッパで、ポーランドと旧・チェコスロバキアの工業化が進んだのは石炭産出によるものです。

　また、早期の民主化運動やスロバキアの分離も、早期の工業化・工業国化の影響です。1968 年にチェコスロバキア「プラハの春」、1980 年にポーランドで労組「連帯」結成がありました。

(11) 古期造山帯地域の主要資源⑤：ロシア・カザフスタンの石炭

　石炭は、中国・ロシア・カザフスタンの古期造山帯で産出します。ロシアでは、ウラル山脈で産出、しかし、石炭を活用した産業革命が遅れて貧困となり、社会主義革命が発生、旧・ソビエト連邦となり、ウラルコンビナートを形成しました。

　カザフスタンでは、カラガンダで産出、旧・ソビエト連邦で有力な石炭産出地でした。ソビエト連邦崩壊で、カザフスタンになり、石炭だけでなく、資源豊富な国で有名です。

(12) 古期造山帯地域の主要資源⑥：中国の石炭

　石炭は、中国・ロシア・カザフスタンの古期造山帯で産出します。中国では、東北地方（旧・満州）で石炭を産出、鉄鉱石も産出と、重要な資源産出地で、南下政策のロシアと、大陸進出の日本がその満州をめぐって衝突したのが日露戦争です。

　中国中部でも石炭を産出しますが、低品位で、石炭を活用した産業革命が遅れて貧困となり、旧・ソ連に続いて、社会主義革命が発生しました。現在（2017 年）は、世界一の石炭輸入国です。

(13) 古期造山帯地域の主要資源⑦：アメリカ合衆国の石炭

　石炭は、北アメリカ大陸の古期造山帯で産出します。アメリカ合衆国では、アパラチア山脈で産出、アメリカ合衆国は、独立当初、東部の州が中

心で、その背骨に当たるのが、アパラチア山脈です。

　早期に工業化に着手、アパラチア山中に水車を設置し、機械の動力源としました。やがて、蒸気機関の発明による産業革命が進行、アパラチア山脈の石炭産出が貢献しました。アメリカの工業化、発展は古期造山帯の山脈である「アパラチア」から、ということになります。

（14）古期造山帯地域の主要資源⑧：オーストラリアの石炭

　石炭は、オーストラリア大陸の古期造山帯で産出します。オーストラリアでは、グレートディヴァイディング山脈で産出、オーストラリアは安定陸塊で鉄鉱石を産出と、鉄鉱石と石炭は、オーストラリアの重要な輸出品です。2017年において、石炭輸出世界第2位です。

　しかし、工業化は他の先進国ほどではありません。理由は、農業重視政策で、工業化による公害の心配とともに、新しい国で、工業の歴史の浅さが世界との競争に勝てるかとの懸念など、的確に判断しているといえます。

（15）古期造山帯地域の主要資源⑨：南アフリカ共和国の石炭

　石炭は、アフリカ大陸南端の古期造山帯で産出します。南アフリカ共和国では、ドラケンスバーグ山脈で産出、南アフリカ共和国は、かつて金とダイヤモンドの産出が世界一、石炭も大量に産出する国です。

　かつて、人種差別政策であるアパルトヘイトを行っていたのは、資源に恵まれたことも影響しました。しかし、経済制裁で石油輸入が困難となり、その時、石炭火力発電による発電、鉄道電化、豊富な石炭による蒸気機関車運行で対応と、石炭産出を活用しました。

（16）古期造山帯地域と歴史①：西ヨーロッパと産業革命

　石炭は、西ヨーロッパの国々であるイギリス・フランス・ドイツを、ヨーロッパの、そして世界の中心となることに貢献しました。かつて、ヨーロッパの中心は、南ヨーロッパ（ローマ帝国や古代ギリシャ）・中東欧（オーストリア）であったわけで、西ヨーロッパは、ヨーロッパの端、「辺境の地」でした。

　それを一変させたのが、蒸気機関、石炭です。石炭は蒸気機関の燃料として産業革命に不可欠であり、石炭を燃料とする蒸気船の発明で、貿易の活発化にも貢献しました。古期造山帯での石炭産出、それが産業革命によって、先進国に導いたのです。反対に、古期造山帯がない国は、遅れをとることとなりました。

（17）古期造山帯地域と歴史②：中央・南アメリカ大陸の国々

　中央・南アメリカ大陸の国々は、スペイン・ポルトガルの植民地でした。イギリス・フランスの発展による植民地本国の弱体化で、中央・南アメリカ大陸の国々は、19世紀（1800年代）に多くが独立しました。ちなみに、アジア・アフリカの多くの国は20世紀の独立です。

　早くに独立の中央・南アメリカの国々は、先進国化が期待されました。しかし、古期造山帯がわずかしかなく、産業革命を早期に達成できず、石炭以外の豊富な資源に恵まれながら、工業化が進まず、多くは、植民地時代と同様の鉱産資源輸出国状況が継続しています。

（18）古期造山帯地域と歴史③：ロシアと南下政策

　ロシア（旧・ソビエト連邦）は、石炭を産出します。古期造山帯（ウラル方面）や新期造山帯（カムチャッカ方面）もありますが、安定陸塊のロシア卓状地およびシベリア卓状地が中心を占めています。高緯度・低気温、冬季に凍結するボスニア湾に面するのが中心都市サンクトペテルブルグです。

　比較的あたたかい土地を求め「南下政策」を急ぎ、古期造山帯の石炭を活用した国内発展よりも、対外進出を優先、日露戦争を戦い、ロシア革命が勃発（1917年）、社会主義体制となりました。しかし、国内発展が停滞、ソ連崩壊（1991年）となりました。

（19）古期造山帯地域と歴史④：中国と改革開放政策

　中国は、石炭を産出します。中国は広大な国で、中・南部は安定陸塊が広がり、古期造山帯は、東北部（満州）と西北部に分布します。かつて、日本から石炭（三池炭）を輸入したこともあり、国内の石炭を活用した産

業革命が遅れました。

　第二次世界大戦後、中国革命で社会主義国となり、社会主義革命後、「自力更生」で国内資源活用の工業化を進めました。しかし、発展が遅れたため、1978年以降の改革開放政策で、急速に工業化を推進、石炭・鉄鉱石の輸入世界一など、工業の原料・燃料資源を海外に大きく依存しています。

（20）石炭の見直しと古期造山帯①：オイルショックと地球温暖化

　第二次世界大戦後、エネルギー革命により、急速に、エネルギーの中心は石油となりました。しかし、石油は産出地が偏在、オイルショックの発生で価格が高騰、そのため、近年、石炭が見直されました。

　先進国では、火力発電などで、石炭の使用が増加、火力発電は、発電量の調整がしやすいという利点があり、発展途上国では、経済発展で石炭の使用が増加、石炭が見直されることにより、古期造山帯の重要性が高まりました。しかし、問題点として、二酸化炭素（CO_2）・硫黄酸化物（SOx）の排出が多く、地球温暖化・大気汚染の原因とされています。

（21）石炭の見直しと古期造山帯②：石炭の利点と用途

　石炭の利点は、石油よりも、世界で広く産出することと、品位によっては、安価であり、石油よりも、劣化が比較的遅く、加工技術の進歩によって高品位化が可能となり、石炭火力発電の効率化で採算性が向上、原子力発電の安全性の問題も影響しました。

　石炭の用途として、製鉄に不可欠な重要資源であることです。蒸気機関とともに、コークス製鉄法の開発があり、製鉄用のコークスは強粘結炭を使用、強粘結炭は良質な石炭産地である古期造山帯を中心に産出します。

（22）古期造山帯地域と日本①：江戸期末から明治初期

　日本は古期造山帯が分布しませんが、先進国となりました。江戸末期から明治初期は、欧米の産業革命期、また、蒸気船時代で、良質の石炭は、重要物資でした。しかし、日本で、良質の石炭はなかなか出ないのです。勿論、理由は、日本には古期造山帯が分布しないからです。ということは、

産業革命ができず、先進国にはなれないと連想されます。

　では、日本に最も近く、古期造山帯地域があるのはどこかといえば、「満州」（現・中国東北地方）で、そこに古期造山帯があるわけです。ここから、日本の近代史が見えてきます。このあと、日本はどうしたのでしょうか。

(23)　古期造山帯地域と日本②：生糸と銅

　結果から考えてみます。司馬遼太郎「坂の上の雲」が当時の状況を表現しています。すなわち、「満州」の資源確保が、日清戦争・日露戦争となりました。清（中国）のみならず、露も「満州」を狙っていたわけです。

　大陸での戦闘が必然で、騎兵の重要性を認識、フランスより学びました。海での戦闘も必然で、最新鋭の軍艦が必要となり、当時最新鋭であったイギリス製戦艦の入手に動きます。最新鋭の軍艦購入には莫大な費用が必要となります。当時、日本の外貨を稼ぐ重要な輸出品であったのが「生糸」と「銅」、上州は上野の国・群馬県の生糸を、日本のシルクロードを使って横浜港へ運んで輸出、下野の国・栃木県では、古河財閥の足尾銅山で盛んに銅鉱石を採掘、製錬して輸出しました。しかし、よく知られているように鉱毒事件・公害が発生しました。なぜ早期に止めることができなかったのでしょうか、ここに要因があります。公害は、足尾や神岡など、鉱山と関わることがあり、当時の時代背景も発生に大きく影響しています。

「まとめ」：
　古期造山帯の大陸別の分布状況は、どうか。
　古期造山帯で産出する主要資源は何で、代表的な国はどこか。
　古期造山帯がある先進国で工業が発達した事例には、何があるか。

「考察」：
　古期造山帯が交通に与える影響は、どうか。
　古期造山帯がある国で、先進国となった要因は何か。
　古期造山帯があるにもかかわらず、露・旧ソ連の歴史が先進国と異なる要因は何か。

【6】 新期造山帯地域

（1）新期造山帯とは何か

　新期造山帯は、世界の大地形区分、３つの内の一つです。新生代に造山運動があり、新生代は、地質時代において最新の時期です。造山運動が起きた時期が新しく、現在も継続、その最高峰の海抜高度は、3,000～8,000ｍに及びます。いわゆる「世界の屋根」と称される山々が、新期造山帯の山脈に分布するわけです。

　けわしい山容であるため、交通の障害になり、国境ともなります。麓が熱帯の場合、高山では気温が低下することによって高山気候となり、雨雲が高山でさえぎられ、背後に砂漠気候が出現することもあります。大地形が、気候に影響を与える典型例です。

（2）新期造山帯地域の分布①：アルプス・ヒマラヤ造山帯①

　北アフリカ・ヨーロッパでは、アルプス・ヒマラヤ造山帯が分布します。

　北アフリカには、アトラス山脈があり、この山脈によって、サハラ砂漠の拡大が阻止され、地中海沿岸地域が地中海性気候となり、地中海式農業が可能となり、古代ローマ帝国の都市も立地しました。アトラス山脈は、モロッコ・アルジェリア・チュニジアの国々に位置します。

　ヨーロッパには、ピレネー山脈があり、西ヨーロッパと南ヨーロッパの境界となっており、フランス・スペイン・アンドラに位置します。アペニン山脈・シチリア島もアルプス・ヒマラヤ造山帯、ヴェズヴィオ山の火山が有名で、イタリア・サンマリノの国々に位置します。

（3）新期造山帯地域の分布②：アルプス・ヒマラヤ造山帯②

　ヨーロッパには、アルプス・ヒマラヤ造山帯のアルプス山脈があり、西ヨーロッパと南ヨーロッパの境界で、最高峰はモンブラン山、海抜高度4,810ｍでフランスとイタリアの国境となっており、アルプス山脈は、フランス・イタリア・スイス・リヒテンシュタイン・オーストリアの国々に位置します。

　さらに、ヨーロッパには、アルプス・ヒマラヤ造山帯のカルパティア山脈・トランシルヴァニア山脈があり、ポーランド・ウクライナ・ルーマニアの国々に位置、ルーマニアでは石油を産出します。ディナルアルプス山脈は、旧ユーゴスラビア、スターラ山脈は、ブルガリア、ヒンドス山脈・ペロポニソス半島は、ギリシャに位置します。

（4）新期造山帯地域の分布③：アルプス・ヒマラヤ造山帯③

　中央・西南・南アジアにも、アルプス・ヒマラヤ造山帯が分布、カフカス山脈はロシア・グルジア・アゼルバイジャンの国境で、アゼルバイジャンでは石油を産出します。

　アナトリア高原はトルコ、ザグロス・エルブールズ山脈はイランで石油を産出、ヒンドゥークシ山脈はアフガニスタン、パミール高原はタジキスタン、カラコルム山脈はカシミールで、パキスタン・インド・中国の国境となっており、ヒマラヤ山脈はインド・ネパール・ブータン・中国に位置、世界最高峰でもあるエヴェレスト山は海抜高度8,848ｍ、ネパールと中国の国境です。

（5）新期造山帯地域の分布④：アルプス・ヒマラヤ造山帯④

　東南アジアにも、アルプス・ヒマラヤ造山帯が分布、アラカン山脈はミャンマー、マレー半島はタイ・マレーシア、カリマンタン島（ボルネオ）はマレーシア・ブルネイ・インドネシアで、石油を産出します。

　スマトラ島はインドネシアで石油を産出、ジャワ島・スラウェシ島もインドネシアで、スマトラ島・ジャワ島・スラウェシ島を赤道が通過します。

（6）新期造山帯地域の分布⑤：環太平洋造山帯①

　中央・南アメリカ大陸には、環太平洋造山帯が分布、アンデス山脈は高山都市が発達するとともに豊富な鉱産資源を産出、西インド諸島はキューバ島・イスパニョーラ島があり、メキシコ高原・中央アメリカ地峡部には、高山都市とともに運河があって大西洋と太平洋を結び、パナマ運河は第二パナマ運河が完成、船の大型化が可能となりました。

北アメリカ大陸にも、環太平洋造山帯が分布、ロッキー山脈ではゴールドラッシュで西部開拓が活発化しました。カスケード・シエラネヴァダ山脈・海岸山地はカルフォルニア州、アラスカ山脈はアメリカ合衆国で石油と金を産出、アリューシャン列島もアメリカ合衆国です。

（7）新期造山帯地域の分布⑥：環太平洋造山帯②

　ユーラシア大陸・太平洋諸島にも、環太平洋造山帯が分布、ロシア極東・カムチャッカ半島・沿海州は、ロシア、千島列島・日本列島・南西諸島、台湾、フィリピン諸島と分布は続きます。

　さらに、ニューギニアはインドネシアとパプアニューギニア、メラネシアはソロモン・フィジー・バヌアツ・ニューカレドニア＜フランス領・ニッケル産出＞、ニュージーランド北島・南島はニュージーランドで、名称どおり、環太平洋を巡って分布しています。

（8）新期造山帯地域の主要資源①：カフカス山脈の石油

　石油は、アルプス・ヒマラヤ造山帯の中央アジア、カフカス山脈東端で産出します。石油の産出場所は、イランプレートがユーラシアプレートに衝突、褶曲の背斜構造が出現したところです。褶曲の背斜構造の場所で、そこに溜まって産出、但し、石油は液体ですので、断層があると漏れて溜らないこととなります。褶曲の背斜構造の場所が産油地とは限りません。

　産出国としてアゼルバイジャンが有名で、カスピ海に面したバクーで産出、旧・ソ連時代は、中心的油田で、ソ連崩壊後、ロシアから離れました。

（9）新期造山帯地域の主要資源②：ペルシャ湾岸の石油

　石油は、アルプス・ヒマラヤ造山帯の西南アジア、ザグロス山脈の南、ペルシャ湾岸で産出します。石油の産出場所は、アラビアプレートがイランプレートに衝突、ペルシャ湾に褶曲の背斜構造が出現したところです。

　産出国としてイラン・イラク・クウェート・サウジアラビア・アラブ首長国などが有名ですが、本格的な開発は、第二次世界大戦後で、石油資源産出によって、開発した先進国と産出国の対立、産油国どうしの対立が問

題となることがあります。

（10）新期造山帯地域の主要資源③：東南アジアの島々の石油

　石油は、アルプス・ヒマラヤ造山帯の東南アジア、マレーシア・インドネシアの島々で産出します。石油の産出場所は、インド・オーストラリアプレートがユーラシアプレートに衝突、島々に褶曲の背斜構造が出現したところです。

　産出国として、カリマンタン島（ボルネオ）のマレーシア・ブルネイ・インドネシア、スマトラ島のインドネシアが有名です。開発は戦前期で、インドネシアがオランダの植民地であった時代に開発されました。

（11）新期造山帯地域の主要資源④：アメリカ大陸の石油

　石油は、環太平洋造山帯の中央・南アメリカで産出します。石油の産出場所は、南アメリカプレートがカリブ海プレートに衝突、南アメリカ大陸北端に褶曲の背斜構造が出現したところです。産出国として、マラカイボ湖・オリノコ川流域のベネズエラが有名ですが、石油資源に頼るものの、価格低下によって経済が混乱することとなりました。

　もう一つの石油の産出場所は、ココスプレートが南アメリカプレートに衝突、メキシコ湾岸に褶曲の背斜構造が出現したところです。産出国として、メキシコ湾岸のメキシコ・アメリカ合衆国があり、テキサス州は、アメリカ合衆国の油田地帯として知られています。

（12）新期造山帯地域の主要資源⑤：アメリカ合衆国の銅

　銅鉱石は、環太平洋造山帯の北アメリカで産出します。アメリカ合衆国のロッキー山脈で産出、銅はエレクトロニクス工業用に重要な資源で、銅の産出によって、アメリカ合衆国は先端工業国となりました。

　反対に、イギリス・フランス・ドイツなど西ヨーロッパでは産出しない資源です。古期造山帯がある、イギリス・フランス・ドイツは石炭産出により、産業革命を早期実現、いち早く、先進国となりました。しかし、環太平洋造山帯が通過しないため、銅を産出せず、当初、電気電子工業の発

展が遅れることとなりました。

（13）新期造山帯地域の主要資源⑥：日本の銅

　銅鉱石は、環太平洋造山帯の日本列島で産出します。日本列島では、北海道から沖縄まで広範囲に産出、江戸時代には、出島を中心に銅は重要な輸出品でした。江戸時代末に、銅を産出しないフランスとイギリスは、銅資源を求め、はるかな日本に来航、フランスは江戸幕府に接近、イギリスは薩長に接近しました。

　明治期には、足尾銅山（栃木県）・別子銅山（愛媛県）・日立銅山（茨城県）で産出、それぞれの銅を活用した、古河電工・住友電工・日立電線が代表的電線メーカーとなりました。

（14）新期造山帯地域の主要資源⑦：チリ・ペルーの銅

　銅鉱石は、環太平洋造山帯のアンデス山脈で産出します。チリ・ペルーなどの国々で産出、銅鉱石の産出は南アメリカが世界の41％（2015年）を占め、特に、チリが30％・ペルーが9％、計39％を占めます。このチリに、日本は輸入先として46％を依存しています。

　南アメリカは、古期造山帯がわずかで石炭が乏しく、ブラジルを除いて工業化が遅れ、現在でも、銅鉱石が豊富であるものの、それを原料とした工業が発達せず、鉱産資源輸出のモノカルチャー経済が継続しています。

（15）新期造山帯地域の主要資源⑧：インドネシアの銅

　銅鉱石は、環太平洋造山帯のニューギニア島で産出します。ニューギニア島の西半分はインドネシアで、ニューギニア島のみならず、インドネシアは新期造山帯の島々からなる島国です。アルプス・ヒマラヤ造山帯の島々で石油を産出、環太平洋造山帯の島々で銅鉱石を産出、インドネシアの経済発展は、この両新期造山帯にまたがる資源産出に、大きく依存しています。特に、ニューギニア島の西部では、銅と共に金銀も産出、開発の歴史が新しいため、これからも資源産出が期待されています。

（16）新期造山帯地域の主要資源⑨：南アメリカの国々の銀・鉛・亜鉛

銀鉱石・鉛鉱・亜鉛鉱は、環太平洋造山帯のメキシコ高原・アンデス山脈で産出します。メキシコ・ペルー・ボリビア・チリなど、中央アメリカ・南アメリカの環太平洋造山帯では銅鉱石以外、銀鉱石・鉛鉱・亜鉛鉱と、多様な鉱産資源を産出します。

このように、資源が豊富なのですが、それを原料とした工業化は、メキシコ以外、あまり進まず、資源のまま輸出するため、経済発展が停滞することとなっています。環太平洋造山帯など、新期造山帯のみの国で、発展途上国が多いのは、これが要因と考えられます。

（17）新期造山帯地域と歴史①：ポルトガルとスペイン

ヨーロッパで、いち早く海外に進出して、中南アメリカに植民地を獲得したのは、ポルトガルとスペインでした。

特に、スペインは新期造山帯のアンデス山脈の地域を領有、メキシコ・ペルーで産出する銀鉱石を確保、銀は貨幣経済の発達に伴って、その価値は高騰、スペインはフィリピンも領有、アジア方面にも進出、広大な植民地を獲得し、一躍、「太陽の沈まぬ国」とスペインは称され、16世紀前半に繁栄しました。

（18）新期造山帯地域と歴史②：オランダと日本の銅

オランダは、小国ながら、ポルトガル・スペインに次いで海外に進出、銅を産出しない西ヨーロッパで、早期に日本から銅を確保、日本産の銅で大砲（砲身）を製造し、大砲の威力で16世紀スペインから独立、17世紀前半に繁栄、最新鋭の大砲を徳川家康に提供し、関ヶ原の勝利に貢献しました。また、大坂冬の陣勝利に貢献、出島での日本との独占的海外交易の権利を獲得、オランダの東インド会社は大いに繁栄しました。

しかし、イギリスが安価な鉄製の大砲を開発、大量生産を行うことによって、オランダが獲得した植民地を奪い、イギリスは植民地を拡大、世界に広大な植民地を持ち、世界に英語も広がることとなりました。

（19）新期造山帯地域と歴史③：オランダとインドネシアの石油

　オランダの海外進出地としては、アメリカ合衆国のニューヨークがあり、もとはオランダ人が建設した都市ニューアムステルダムでした。南アフリカ共和国には、オランダ系移民が入植、しかし、いずれも、オランダは植民地を維持できませんでした。

　オランダは、新期造山帯のインドネシアを植民地とし、戦前期、アジアの一大産油地で、日本は「大東亜共栄圏」として、太平洋戦争開戦時、落下傘部隊で占有しました。現在、国際石油資本の一角にオランダ企業があるのは、このインドネシアの油田によるものです。

（20）新期造山帯地域と歴史④：イギリスと銅資源

　イギリスは、ポルトガル・スペイン・オランダに次いで海外に進出と後発です。しかし、最終的に広大な植民地を獲得したのは、イギリスでした。また、スペインから早くに独立したチリにいち早く進出、新期造山帯の環太平洋造山帯で銅鉱石を産出するチリから、イギリスは銅鉱石および製錬銅を輸入、ヨーロッパの先進国で、銅資源の確保にいち早く成功しました。

　また、アフリカの銅鉱石産出地ザンビアを植民地とするなど、世界各地での工業原料資源の確保で、他のヨーロッパ諸国をリードしました。新期造山帯がないイギリスの、有用資源産出地に絞って植民地化や確保先とする戦略です。当然ながら、広大な植民地をただ確保したらいい、というものでもなく、植民地維持に多額の経費がかかることもあるわけです。

　銅鉱床には、斑岩銅鉱床と堆積鉱染型鉱床などがあり、新期造山帯の環太平洋造山帯で産出する銅の鉱床は、斑岩銅鉱床で、海洋プレートの大陸プレートへの沈み込みに関連して形成されたもので、世界産出量の半分以上を占めます。ついで、安定陸塊の中南アフリカで産出する銅の鉱床は、堆積鉱染型鉱床で、岩石の風化と堆積に関連して形成されたもので、世界産出量の約２割を占めます。コンゴ共和国からザンビアにかけてのカッパーベルト（銅地帯）が最大で、他にポーランドにもその鉱床があります。

(21) アメリカ合衆国の優位性

　アメリカ合衆国では、中北部から北東部が安定陸塊で鉄鉱石を産出、東部（アパラチア山脈）が古期造山帯で石炭を産出、西部（ロッキー山脈）が新期造山帯で銅鉱石・石油を産出、すべての大地形が国内にあることにより、主要な資源が、国内で産出されることとなります。

　輸入が多い資源もありますが、国内産出による国内での資源確保は重要で、なによりも、国家の安全保障にもつながります。戦略的優位性の確保に貢献するなど、大地形が持つ政治経済的意味をぜひとも確認しておきたいところです。

(22) 日本の鉱業資源①：金・銀・銅

　日本は、新期造山帯の環太平洋造山帯で、金・銀・銅を産出しました。

　金は、黄金の国ジパングと13世紀のマルコ・ポーロ（イタリア）によって称され、現在でも、世界有数の高品位金鉱石産出の菱刈鉱山（鹿児島県）があり、累積産金で佐渡金山を上回りました。

　銀は、プラタレアス（銀）の島とザビエル（スペイン）によって称され、16世紀には世界銀流通量の3分の1が日本の銀で、近世の石見銀山（島根）は世界遺産に登録され、近代では生野銀山（兵庫）が有名でしたが、日本の銀山はすべて閉山しました。

　銅は、ジャパンカッパーとモリス（イギリス）が製法特許を取り、17世紀には世界一の産出量を誇りましたが、日本の銅山はすべて閉山しました。

　以上、金・銀・銅以外に、亜鉛は神岡鉱山（岐阜）で産出、一時は東洋一の鉱山でした。また、鉄鉱石は釜石鉄山（岩手）で産出、原料立地の製鉄所が誕生、ニッケル・クロム・マンガン・タングステン・アンチモン・モリブデン・鉛・錫・水銀・硫黄など、多様な資源を産出しました。現在は、多くの資源を国内では採掘していません。まだ資源はありますが、輸入したほうが圧倒的に安価であるのが、国内採掘しない最大の理由です。

(23) 日本の鉱業資源②：石油・天然ガス・石炭

　日本は、新期造山帯の環太平洋造山帯で、石油を産出します。石油は、

現在、日本海側の秋田県八橋油田（秋田市内）や新潟県東新潟油田（新潟市内）などで産出、かつては、新潟県長岡市や柏崎市でも多く産出、そこで石油化学工業が発達、太平洋側の静岡県相良油田でも産出しました。

　天然ガスも日本国内で産出、天然ガスは単独で産出する以外に、石油とともに産出することもあり、現在、新潟県長岡周辺で産出、パイプラインで東京へ輸送されます。また、千葉県では、地元で産出するとともに、地元で都市ガスや化学工業原料として利用されています。なお、かつては東京都内でも天然ガスを産出しましたが、現在では採掘されていません。

　石炭は、かつて北海道の空知地方などや、東北・関東の常磐地方、中国の宇部・小野田・美祢など、九州の筑豊地方や松浦・高島地方などで産出しました。明治期、北海道の開拓は豊富な石炭の産出によって急速に進みました。現在でも、釧路で坑内掘り、留萌・空知地方で露天掘りが行われています。採掘技術の進歩と、石炭の見直しが、採掘継続を支えています。日本列島が新期造山帯のため、石炭は比較的低品位が多いのですが、かつて、山口県大嶺炭田などで、無煙炭を産出しました。また、戦前から戦後すぐにかけて、亜炭が宮城県・山形県・群馬県・岐阜県・愛知県などで採掘されていました。東京にも、東京炭鉱と称した亜炭の炭鉱がありました。

「まとめ」：
　新期造山帯が分布する大陸と主要な島々はどこか。
　新期造山帯で産出する主要資源は何で、主要産地はどこか。
　新期造山帯のどこをスペインは植民地とし、どのような発展の歴史を歩んだか。

「考察」：
　新期造山帯で、石油を産出する理由は何か。
　新期造山帯で、銅鉱石を産出するアメリカ合衆国がどのように発展したか。
　新期造山帯がなく、銅鉱石を産出しないイギリスはどのように対応したか。

写真 21：糸魚川フォッサマグナミュージアム（新潟県糸魚川市）

写真 22：新穂高ロープウェイ終点西穂高口駅からの風景（岐阜県）
　　　　〈正面は笠ヶ岳、北アルプス［飛騨山脈］の景観を楽しむことができる〉

写真23：釜石鉱山旧鉱山事務所（岩手県釜石市）〈背後は、鉱滓で谷が埋め尽くされている〉

写真24：釜石鉱山鉱石積み出し駅の陸中大橋駅（岩手県釜石市）
〈右背後は、積み込み設備のホッパー跡〉

写真 25：相良油田跡（静岡県牧之原市）〈左は櫓、右は作業小屋〉

写真 26：茂原ガス田（千葉県茂原市）〈地中に差し込まれた採掘パイプとバルブ〉

写真 27：砂子炭鉱三笠露天坑① （北海道三笠市）〈案内看板と右は事務所〉

写真 28：砂子炭鉱三笠露天坑② （北海道三笠市）
〈採掘現場と採掘シャベル・輸送トラック〉

写真 29：夕張炭鉱（北海道夕張市）

写真 30：豊羽鉱山（北海道札幌市）〈かつてレアメタルのインジウムを産出、1999 年で世界の 3 分の 1 を産出、勿論、世界一だった〉

写真31：イトムカ鉱山（北海道北見市）〈かつて、水銀を産出〉

写真32：八橋油田（秋田県秋田市）

写真33：小坂鉱山①（秋田県小坂町）〈移築された鉱山事務所〉

写真34：小坂鉱山②（秋田県小坂町）〈全景、現在、都市鉱山の資源回収で有名〉

写真 35：日立セメント太平田鉱山①（茨城県日立市）〈事務所〉

写真 36：日立セメント太平田鉱山②（茨城県日立市）
　　　　　〈最近まで、索道で鉱石を輸送した〉

写真 37：遊泉寺銅山（石川県小松市）
　　　　〈コマツの小松製作所は、遊泉寺銅山の小松鉄工所から〉

写真 38：石見銀山龍源寺間歩（島根県太田市）

写真 39：池島炭鉱① （長崎県長崎市）〈池島港石炭積み出し〉

写真 40：池島炭鉱② （長崎県長崎市）〈竪坑（操業時）〉

写真 41：池島炭鉱③（長崎県長崎市）〈ボタ輸送トロッコ〉

写真 42：池島炭鉱④（長崎県長崎市）〈高層アパート〉

【7】 山地地形地域と平野地形地域

（1）小地形の種類

　小地形は、山地地形・平野地形・海岸地形・サンゴ礁地形・氷河地形・乾燥地形・カルスト地形などの、比較的、小規模な地形をまとめた総称で、大きく下記のように2分され、さらに、それぞれ細分化されます。

　位置により見られる地形は、山地地形・平野地形・海岸地形の3つに区分されます。特定環境の地域で見られる地形は、サンゴ礁生育地域のサンゴ礁地形、高緯度・高山地域の氷河地形、乾燥地域（砂漠）の乾燥地形、石灰岩分布地域のカルスト地形と、4つに区分されます。

（2）山地地形①：成因と種類

　山地地形の成因と種類として、山地の地形が生成される要因から、山地は大きく、褶曲山地（褶曲山脈）・断層山地（地塁山地）・火山の、3つに区分されます。

　褶曲山地（褶曲山脈）は、内的営力の地殻運動で造山運動の褶曲によるもの、断層山地（地塁山地）は、内的営力の地殻運動で造山運動の断層によるもの、火山は、内的営力の火山活動でマグマの噴出などによるものです。

（3）山地地形②：褶曲山脈

　褶曲山脈は、造山運動中の褶曲によるものですが、その成因は、プレートとプレートの衝突によって横圧力が発生、地層が曲がることによって形成されます。褶曲山脈は、大規模な山脈になることがあり、「山地」ではなく「山脈」と称され、アルプス・ヒマラヤ山脈やアンデス山脈などの新期造山帯の大山脈は、褶曲山脈です。

　褶曲の峰（凸部）が背斜で、その部分に石油分が溜まって含油層となることから、世界の油田は、背斜構造の分布地域です。褶曲の谷（凹部）が、向斜で、盆地や谷となります。

（4）山地地形③：断層山地・断層崖・地塁・地溝・傾動地塊

　断層山地は、造山運動中の断層によるもので、地層が圧力を受けて切断

され、段差が生じて形成されます。

　断層崖は、断層によって地層がずれたことにより生じた崖で、扇状地が発達しやすい。地塁はほぼ平行した断層崖に挟まれて、中央部が盛り上がってできた凸状の細長い断層の山地、地溝はほぼ平行した断層崖に挟まれて、中央部が陥没してできた凹状地では、地溝湖ができやすい。傾動地塊は、一方は急傾斜の断層崖、他方は緩傾斜の断層崖となった断層山地です。

（5）山地地形④：断層山地（地塁山地）・地溝湖

　日本は、断層が多く、かつ、プレートの境界に位置するため、一定期間ごとに動く「活断層」が多いという特性があります。

　断層山地（地塁山地）では、中部・近畿地方の養老山地（岐阜・三重の県境）・生駒山地（大阪・奈良の府県境）・六甲山地（兵庫）があり、地溝湖では、バイカル湖・タンガニーカ湖、日本では、琵琶湖（滋賀）が最大の事例で、邑知潟（石川）や諏訪湖・木崎湖・青木湖（長野）などの事例もあります。

（6）山地地形⑤：地溝平野

　断層地形は、断層によってできた地形で、今後もその断層が動く可能性があり、したがって内陸活断層型地震が発生する可能性があります。

　地溝平野は、盆地など、断層崖に囲まれた平野で、日本の盆地の多くは、断層崖に囲まれています。風水で盆地は都（都市）の適地として都市が立地しますが、山麓の断層崖下では、特に地震に対する注意が必要です。

　内陸活断層型地震の例としては、兵庫県南部地震（阪神淡路大震災）の神戸や、北海道胆振東部地震の厚真町・安平町・むかわ町があります。

（7）山地地形⑥：火山地形の種類と事例①

　火山地形の種類と事例には、次のものがまずあります。

　マールは、弱い爆発により岩屑が火口の周囲に堆積したもので、戸賀湾・一ノ目潟・二ノ目潟（秋田）が事例、臼状火山（ホマーテ）は、爆発性の噴火で山体に比して火口が大きく、ダイヤモンドヘッド（ハワイ・オアフ島）が事例、楯状火山（アスピーテ）は、流動性に富む溶岩が噴出して山体緩やか、

マウナロア・キラウエア山（ハワイ）が事例、溶岩台地（ペジオニーテ）は、多くの亀裂から流動性強い溶岩が噴出、デカン高原（インド）が事例です。

（8）山地地形⑦：火山地形の種類と事例②

火山地形の種類と事例には、さらに次のものがあります。

成層火山（コニーデ）は、溶岩と火山灰や火山砂礫が交互に噴出、富士山（静岡・山梨）・開聞岳（鹿児島）が事例、溶岩円頂丘（トロイデ）は、粘性強いドーム状溶岩で形成の火山、箱根駒ヶ岳（神奈川）・焼岳（岐阜・長野）が事例、火山岩尖（ベロニーテ）は、凝固した粘性溶岩が押し上げられ形成、昭和新山（北海道）が事例、カルデラは、山体の中央が爆発や陥没で形成の凹地、伊豆大島・三宅島・青ヶ島（東京都）、箱根山（神奈川）、島前（島根県）・阿蘇山（熊本）、姶良・鬼界（鹿児島）が事例、カルデラ湖は、芦ノ湖（神奈川）、洞爺湖・屈斜路湖・摩周湖（北海道）、十和田湖（青森・秋田）が事例です。

（9）山地地形⑧：火山地形と観光・農業・資源

火山地形は、観光と最も関係深い地形で、農業や資源にも関わります。

山（火山）・湖（カルデラ湖）・温泉は、代表的観光地になり、日本では北海道・東北・関東にかけて、アトサヌプリ・屈斜路湖・川湯温泉（北海道）、有珠山・洞爺湖・洞爺湖温泉（北海道）、八甲田山・十和田湖・十和田湖温泉（青森県）、箱根山・芦ノ湖・箱根温泉（神奈川県）があり、九州では、阿蘇山（熊本県）・霧島山（宮崎県・鹿児島県）・桜島（鹿児島県）があります。

火山は栄養分豊かな土壌を生み出すため、農業に適します。また、火山は金鉱脈を生成、マグマが冷えて中に金が含有するわけで、日本ではプレートの移動で、火山の西に金山があります。さらに、硫黄を産出、石油精製の副産物として利用されるまで、日本の火山地帯で多く採掘されました。しかし、火山は噴火など、災害のリスクも大きく、対策が必要です。

（10）平野地形①：成因と種類

平野地形の成因と種類には、次のものがまずあります。成因では、侵食

によってできたか、堆積によってできたかで、侵食平野と堆積平野の二つに分かれます。

侵食平野は、侵食前の元の状況から、準平原と構造平野の二つに分かれます。堆積平野は、堆積した時期と現在の状況から、洪積台地と沖積平野に分かれ、沖積平野は、堆積した場所によって、谷底平野・扇状地・三角州に分かれます。

（11）平野地形②：侵食平野の準平原と構造平野

侵食平野の成因と種類には、次のものがあります。いずれも、安定陸塊で見られます。

準平原は、もともとは平坦でなかったが、長期の浸食によって、平坦となったもので、侵食から取り残された硬い部分が残丘（モナドノック）です。構造平野は、硬軟の水平な地層が浸食されて形成、侵食の途中で、テーブル状のメサ地形やさらなる浸食で、棒状のビュート地形が出現します。硬軟の緩やかに傾斜した地層が浸食を受けると、ケスタ地形となり、さらに、硬軟の急な傾斜になった場合は、ホッグバックとなります。

（12）平野地形③：洪積台地と事例

堆積平野である洪積台地は、新生代第四紀洪積世に土砂が堆積、のちに、隆起して台地となったもので、洪積世から名付けられました。洪積台地の開析谷は、隆起により侵食が発生して台地に刻まれた谷で、開析谷の谷底平野は、水田に利用されます。台地上の土地利用は、水利が不便なため開発が遅れましたが、江戸時代後半に台地上に新田集落ができました。

洪積台地の事例としては、根釧台地（北海道）、武蔵野台地（東京）、多摩丘陵（東京・神奈川）、下総台地（千葉）、三方原・牧ノ原台地（静岡）、熱田・御器所台地（愛知）、千里丘陵・泉北丘陵・上町台地（大阪）があります。

（13）平野地形④：洪積台地の土地利用変化

江戸期まで、米が最も重要な作物であり、洪積台地の開析谷の谷底は、水田利用されましたが、洪積台地上は水が得にくく、畑作地として利用し

ていました。明治期には、徳川家旧家臣の生業として茶の栽培が奨励され、牧ノ原台地での茶畑の開墾が進み、静岡は茶どころとなりました。

　高度経済成長期に、都市への人口集中による住宅不足から、郊外の洪積台地上が開発され、住宅地となりました。東京の武蔵野台地・多摩丘陵、大阪の千里丘陵・泉北丘陵が、その典型例です。また、地震災害の多発により、地盤が硬い洪積台地は、住宅用地で価値が高いこととなります。

（14）平野地形⑤：谷底平野と河岸段丘

　堆積平野である沖積平野は、新生代第四紀沖積世に土砂が堆積したもので、沖積世から名付けられました。谷底平野は、山間部で、河川の浸食により谷底が広くなるとともに、砂礫が堆積して形成されました。

　河岸段丘は、土地の隆起や河川の増水による浸食が強まると、侵食が復活して谷底平野に開析谷ができ、谷斜面が段丘崖となり、平坦面は段丘面となります。段丘面の土地利用は、水利が不便な場合は畑となり、静岡県大井川下流域の川根本町などでは、茶畑に利用されています。

（15）平野地形⑥：扇状地の扇頂・扇央・扇端

　扇状地は、山地と平地の境目、あるいは断層崖で、急に河川の傾斜が緩やかになることによって、土砂や砂礫が堆積し、形成されます。上から見ると、扇状に広がって堆積することから「扇状」地と呼ばれます。

　位置から扇頂・扇央・扇端に区分され、扇頂は扇状地の頂上、扇央は扇状地の中央で、水は地上を流れず地下を流れ、扇端は扇状地の先端で湧水となって、湧き出ます。扇状地の土地利用としては、扇央は水利が不便で、桑畑や果樹園に利用され、扇端は水田利用や集落が立地します。

（16）平野地形⑦：扇状地の土地利用変化

　江戸期まで、米が最も重要な作物で、三角州など、水田に利用できる土地の価値が高かった。扇状地、特に水の得にくい扇央は、価値が低かったのですが、明治期に、生糸が重要な輸出品となり、蚕飼育が盛んとなり、蚕の餌となる桑が、扇状地の斜面で栽培が盛んとなり、戦後期まで桑畑と

しての利用が継続、特に、山梨県甲府盆地の扇状地はその典型例です。

高度経済成長期に、果物の需要が高まり、扇状地は果樹園に転換され、山梨県・長野県・山形県・青森県の扇状地で、ブドウ・リンゴなどの果樹栽培が増加、農作物の中心となりました。反対に、米は価格が低下、その結果、農業用地としての価値は逆転しました。

(17) 平野地形⑧：鳥趾状・円弧状・尖（カスプ）状三角州

三角州（デルタ）は、海や湖に、河川が運んできた土砂が堆積して形成されたもので、上から見ると、形状が三角形でギリシャ文字のデルタに似ることが、名称の由来です。

三角州は、形状と成因から３つに区分されます。鳥趾状三角州は、土砂が広がらず、自然堤防が先行、ミシシッピ川デルタ（アメリカ合衆国）が事例、円弧状三角州は、土砂が広がり、自然堤防間が埋積、ナイル川デルタ（エジプト）が事例、尖（カスプ）状三角州は、沿岸流による浸食が働き、河口付近が突出、テヴェレ（チベル）川デルタ（イタリア）が事例です。

(18) 平野地形⑨：三角州の土地利用変化

三角州（デルタ）では、米の栽培などの農地や都市が立地しています。比較的広大な平地で、当初は低湿地などであったが、開墾して水田に利用、古代から近世に至るまで、稲作の中心地であった。特に、木曽川・長良川・揖斐川の三河川が流れる輪中地帯は、その代表的な地域となっています。

近代以降は、人口の増加に伴って都市が発達、平地が広がる三角州は、水利の便からも都市が発達しやすい。また、自然にできた三角州だけにとどまらず、海を埋め立てて陸地化し、都市を拡大させています。さらに、平地部不足から、山地部へと開発されて、崖崩れ災害も発生しています。

(19) 平野地形⑩：河川地形の自然堤防と後背湿地

河川地形は、河川流域において、河川による浸食・運搬・堆積の三作用で形成された、様々な地形です。

氾濫原は、河川が増水して、水があふれて広がる範囲全体を指し、氾

濫原の中には、自然堤防と後背湿地ができます。自然堤防は河川の河道の両側にある自然の高まりで、河川洪水時に土砂が両側に堆積したものです。微高地で、集落が立地し、畑にも利用されます。後背湿地は、河川洪水時に自然堤防を越えた水が、洪水後に河道へ戻れず、沼や湿地となったもので、河川に向かい、後ろの背側を指し、水田に利用されます。

(20) 平野地形⑪：自然堤防と後背湿地の土地利用変化

　河川地形と災害の関係を指摘すると、氾濫原では、洪水被害を少しでも防ぐために、古くはこの自然堤防上に住居や畑を立地、さらに、貴重品を守るために、「水屋」と称する建物が土台を高くして設置されました。

　後背湿地では、洪水時には堤防から水があふれて侵入、水田に利用され、古くは住居としなかったのですが、近代期以降、特に現代期、郊外都市化に伴って、後背湿地に新興住宅地が形成、洪水災害が発生しました。茨城県常総市・岡山県倉敷市真備町が、その事例です。

(21) 平野地形⑫：蛇行（メアンダー）・河跡湖・三日月湖

　河川地形に、蛇行（メアンダー）があります。河川は、長い区間の勾配が緩やかであると、少しの土地条件の差（地質や勾配）で曲流します。平野部での蛇行は自由蛇行、山間部での蛇行は嵌入（かんにゅう）蛇行が両岸対称で、穿入（せんにゅう）蛇行が両岸非対称となります。蛇行が見られる河川としては、平野部では北海道の石狩川、山間部では奈良県の十津川や静岡県の大井川が有名で、大井川上流域の蛇行斜面は茶畑に利用されます。

　河跡湖・三日月湖は、河川が洪水時に、蛇行した流路が短絡され、取り残された旧・河道が湖（沼）となったもので、石狩川流域などに見られます。

(22) 平野地形⑬：天井川の形成と平地河川化

　河川地形に天井川があり、自然と人間の両方が関わって形成されたもので、河川が作った自然堤防の上に人間が人工堤防を築くことや、自然の流路を直線化して人工堤防を建設することの繰り返しによってできます。

　すなわち、人間による流路の固定・人工堤防の建設、その結果、洪水時

に土砂が堤防外に広がらず、河床に土砂が堆積、それが河床の上昇となって従来の堤防の高さでは危険となり、さらに人工堤防の高さを補強、それを繰り返すことで堤防が非常に高くなって、天井川になります。事例は西日本に多く、東日本にはほとんどありません。理由は、歴史が古いこと、すなわち、河道の固定が古く、堤防補強が長期であることによります。対策としては、渇水時の河床掘削、流路変更の平地河川化があります。

(23) 平野地形⑭：断層型天井川と丘陵型天井川

河川地形の天井川を種類区分し、その事例を示します（奥野による）。

断層型天井川は、断層山地からの河川が、扇状地をともなって、天井川を形成、河道が比較的短いものです。滋賀県の湖西に多く分布します。比良山地の百瀬川、六甲山地の芦屋川・住吉川・石屋川・湊川、養老山地の小倉川、大三島の宮浦本川、四国山地の大明神川が、その事例です。

丘陵型天井川は、丘陵部を通過した河川が、丘陵部末端から平地で天井川を形成、河道が比較的長いものです。滋賀県の湖東に多く分布します。湖南丘陵の草津川・家棟川・野洲川、千里丘陵の上之川・高川、京阪奈丘陵の山田川、山城丘陵の不動川・渋川・玉川などが、その事例です。

「まとめ」：

山地地形の種類と成因には、何があるか。

平野地形の扇状地は、何に利用されるか。

平野地形の三角州は、何に利用されるか。

「考察」：

火山地形は人間生活・人間活動の何と関係深く、その理由は何か。

河川地形での災害には、どこで何があり、その理由はなぜか。

天井川が、西日本に多い理由は何か。

表1：日本の山地地形23選

地図中の位置	都道府県名	地名	地形名
1	岐阜・三重	養老山地	断層山地（地塁山地）
2	大阪・奈良	生駒山地	六甲山地
3	兵庫県	六甲山地	断層山地（地塁山地）
4	長野県	木崎湖・青木湖	地溝湖
5	長野県	諏訪湖	地溝湖
6	石川県	邑知潟	地溝湖
7	滋賀県	琵琶湖	地溝湖
8	秋田県	戸賀湾・一ノ目潟	マール
9	山梨・静岡	富士山	成層火山（コニーデ）
10	鹿児島県	開聞岳	成層火山（コニーデ）
11	岐阜・長野	焼岳	溶岩円頂丘（トロイデ）
12	北海道	昭和新山	火山岩尖（ベロニーテ）
13	北海道	支笏湖	カルデラ湖
14	北海道	屈斜路湖・摩周湖	カルデラ湖
15	青森・秋田	十和田湖	カルデラ湖
16	東京都	伊豆大島	カルデラ
17	東京都	三宅島	カルデラ
18	東京都	青ヶ島	カルデラ
19	神奈川県	箱根山・芦ノ湖	カルデラ・カルデラ湖
20	島根県	島前	カルデラ
21	熊本県	阿蘇山	カルデラ
22	鹿児島県	姶良（桜島）	カルデラ
23	鹿児島県	鬼界（硫黄島）	カルデラ

分布図1：日本の山地地形23選

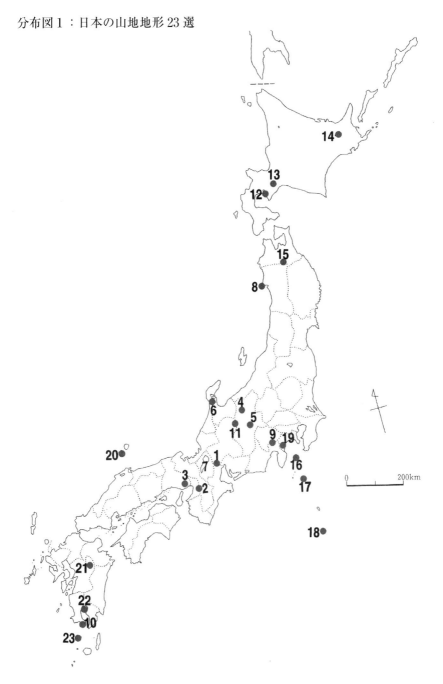

表2：日本の平野地形24選

地図中の位置	都道府県名	地名	地形名
1	北海道	根釧台地	洪積台地
2	東京都	武蔵野台地	洪積台地
3	東京・神奈川	多摩丘陵	洪積台地
4	千葉県	下総台地	洪積台地
5	静岡県	牧ノ原台地	洪積台地
6	静岡県	三方原台地	洪積台地
7	愛知県	熱田・御器所台地	洪積台地
8	大阪府	千里丘陵	洪積台地
9	大阪府	泉北丘陵	洪積台地
10	群馬県	利根川沼田付近	河岸段丘
11	長野県	天竜川伊那谷	河岸段丘
12	静岡県	大井川	蛇行・河岸段丘
13	北海道	石狩川	蛇行
14	東京・千葉・神奈川	江戸川・多摩川	三角州
15	三重県	雲出川・香良洲	三角州
16	広島県	太田川	三角州
17	長野県	神戸原	扇状地
18	山梨県	大松沢	扇状地
19	岐阜県	小倉谷	扇状地・天井川
20	滋賀県	百瀬川	扇状地・天井川
21	滋賀県	草津川・家棟川	天井川
22	兵庫県	芦屋川・住吉川・石屋川・湊川	天井川
23	愛媛県	大三島宮浦本川	天井川
24	愛媛県	大明神川	天井川

分布図 2：日本の平野地形 24 選

地図7：5万分の1地形図「戸賀」昭和48年編集　　　　（0.9倍に縮小）
「船川」昭和49年編集
一ノ目潟・二ノ目潟・三ノ目潟・戸賀湾、マール　描図

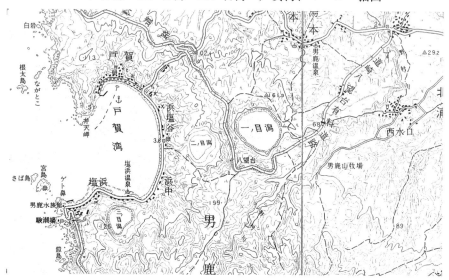

地図8：20万分の1地勢図「室蘭」昭和46年修正　　　　（0.9倍に縮小）
カルデラ湖洞爺湖・火山岩尖昭和新山　描図

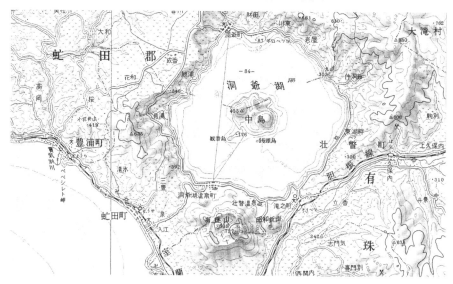

地図 9：20 万分の 1 地勢図「長野」昭和 41 年修正 　　　　（0.9 倍に縮小）
白根山、草津温泉、石津・吾妻・小串・米子硫黄鉱山　描図

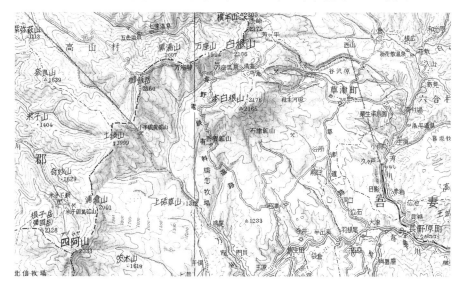

地図 10：20 万分の 1 輯製図「鹿児島」明治 22 年輯製製版 　　（0.9 倍に縮小）
桜島は島、活火山に最も近い都市鹿児島市　描図

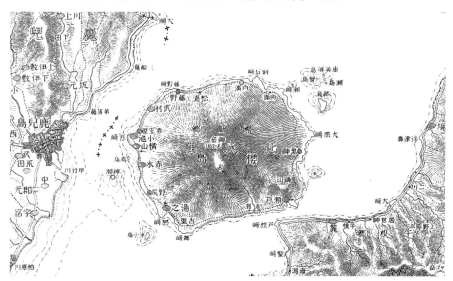

地図11：20万分の1帝国図「七尾」大正8年製版　　　　（0.9倍に縮小）
　　　地溝・邑知潟地溝湖　描図

地図12：2万5千分の1地形図「神戸主部」平成7年緊急修正測量（0.9倍に縮
　　　六甲山麓・塗りつぶし部は震災による変状の著しい範囲　描図

地図13：2万5千分の1地形図「吹田」大正12年測図 　　　（0.9倍に縮小）

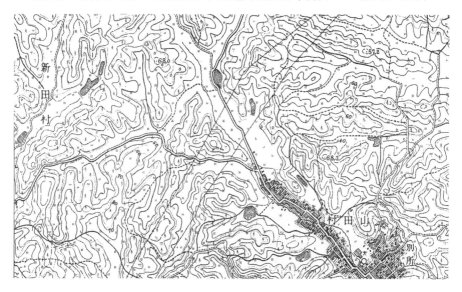

地図14：2万5千分の1地形図「吹田」昭和44年修正測量（0.9倍に縮小）
　　　千里丘陵、洪積台地の土地利用変化　描図

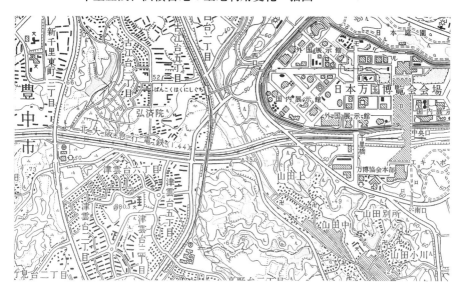

地図15：5万分の1地形図「沼田」昭和27年応急修正　　（0.9倍に縮小）
　　　　沼田の河岸段丘　描図

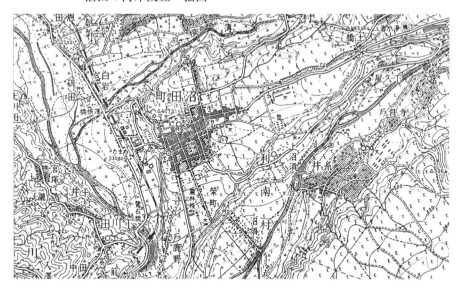

地図16：5万分の1地形図「赤穂」昭和27年応急修正　　（0.9倍に縮小）
　　　　天竜川の河岸段丘　描図

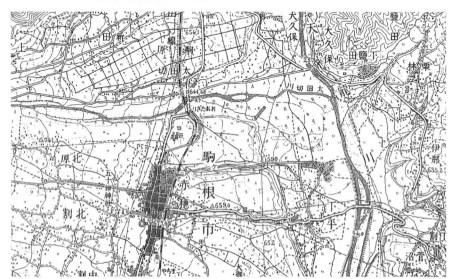

地図17： 2万5千分の1地形図「有明村」大正2年製版　　（0.8倍に縮小）
　　　　神戸原の扇状地　描図

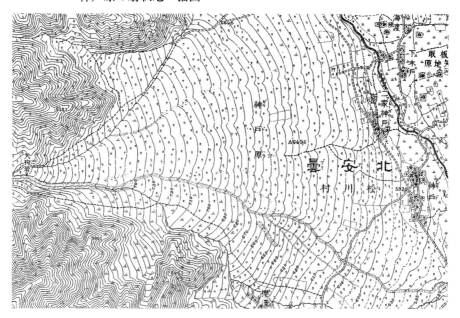

地図18： 2万5千分の1地形図「養老」昭和43年改測　　（0.9倍に縮小）
　　　　小倉谷の扇状地・天井川　描図

地図19：2万5千分の1地形図「石和」大正6年製版　　（0.9倍に縮小）
　　　　大松沢の扇状地　描図

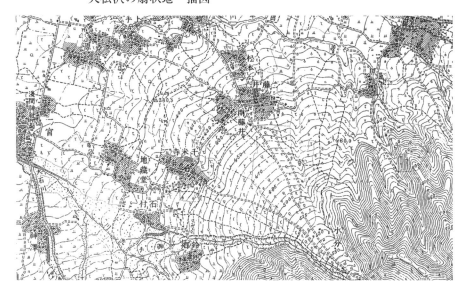

地図20：2万5千分の1地形図「海津」大正9年測図　　（0.9倍に縮小）
　　　　百瀬川の扇状地　描図

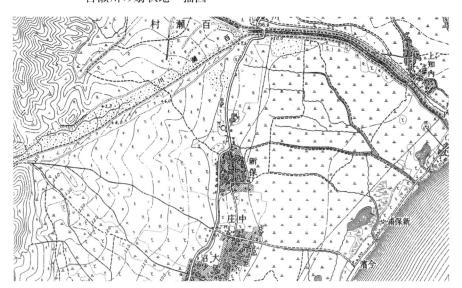

地図21：20万分の1帝国図「東京」大正10年鉄道補入改版（0.9倍に縮小）
　　　　江戸川三角州・多摩川三角州　描図
地図22：5万分の1地形図「松阪」昭和5年鉄道補入　　　（0.9倍に縮小）
　　　　雲出川の香良洲三角州　描図

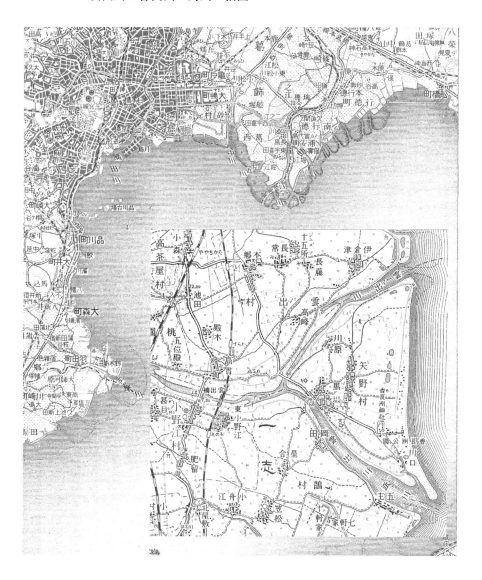

地図23：20万分の1地勢図「留萌」平成5年要部修正　　　（0.9倍に縮小）
　　　　石狩川の蛇行・河跡湖・三日月湖　描図
地図24：5万分の1地形図「井川」昭和38年測量　　　　　（0.9倍に縮小）
　　　　　　　　　「千頭」昭和38年測量
　　　大井川・寸又川の蛇行　描図

地図25：2万5千分の1地形図「野洲」大正9年測図　　　（0.9倍に縮小）
　　　　家棟川の天井川　描図

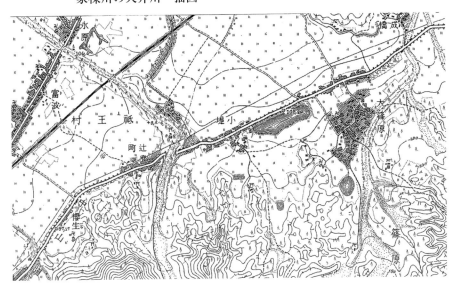

地図26：1万分の1地形図「吹田西部」大正12年測図　　　（0.9倍に縮小）
　　　　上之川の天井川　描図

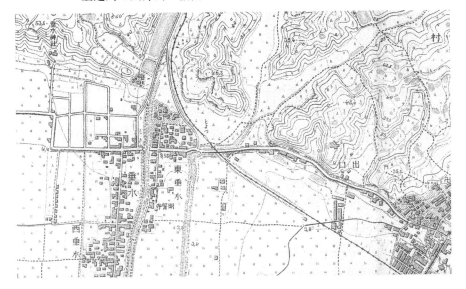

写真 43：富士山（山梨県・静岡県）〈静岡県道２２３［ふじさん］号線、清水港
　　　　　土肥間の航路から見た成層火山の富士山〉

写真 44：開聞岳（鹿児島県指宿市）
　　　　　〈JR 日本最南端の駅西大山駅から見た成層火山の開聞岳〉

写真 45：昭和新山①（北海道壮瞥町）
　　　　〈有珠山ロープウェイ終点有珠山駅から見た昭和新山〉

写真 46：昭和新山②（北海道壮瞥町）
　　　　〈有珠山ロープウェイ起点昭和新山駅から見た昭和新山〉

写真 47：男鹿半島のマール（秋田県男鹿市）
〈手前は二ノ目潟、奥は戸賀湾、いずれも火山地形のマール〉

写真 48：屋島（香川県高松市）〈メサ型溶岩台地、溶岩台地がメサ型に浸食された〉

写真 49：萩大島（山口県萩市）〈萩市沖合の萩大島は溶岩台地〉

写真 50：相島（山口県萩市）
〈萩市沖合の相島は溶岩台地、台地上に農地と集落がある〉

写真 51：阿蘇山① （熊本県）〈阿蘇山カルデラと米塚、熊本地震でひびが入る〉

写真 52：阿蘇山② （熊本県）〈大観峰から見たカルデラ〉

写真 53：阿蘇山③（熊本県）〈中央火口群〉

写真 54：桜島（鹿児島県鹿児島市）〈湯之平展望所〉

写真 55：嵯峨ノ島① （長崎県五島市）〈火山海食崖、臼状火山の男岳噴火口断面〉

写真 56：嵯峨ノ島② （長崎県五島市）〈火山海食崖、盾状火山の女岳噴火口断面〉

写真57：硫黄島（鹿児島県三島村）〈鬼界カルデラの火山島。温泉が海に流出、
　　　　七色に染める。手前は、村営の薩摩硫黄島飛行場〉

写真58：諏訪之瀬島（鹿児島県十島村）〈今も噴煙を上げる御岳を擁する火山島。
　　　　左端は諏訪瀬空港跡、公共用の飛行場としては廃止〉

写真 59：輪中① （岐阜県海津市）
　　　　〈揖斐川と堤防内側の集落、左は断層山地の養老山地〉

写真 60：輪中② （岐阜県海津市）
　　　　〈中央は揖斐川、左は長良川、堤防は油島千本松締切堤〉

写真61：大井川上流①（静岡県）〈蛇行部分、鉄道は大井川鉄道井川線、川は現在、ダム湖となっている。廃止された旧線の車窓から撮影〉

写真62：大井川上流②（静岡県）〈蛇行部分、鉄道は大井川鉄道井川線、川は現在、ダム湖となっている。廃止された旧線の車窓から撮影〉

写真 63：加茂川（愛媛県西条市）〈加茂川の蛇行、左側は攻撃斜面の崖部〉

写真 64：大明神川（愛媛県西条市）
　　　　〈天井川の下を JR 予讃線の線路がトンネルで抜ける〉

写真 65：大三島宮浦本川①（愛媛県今治市）
　　　　〈天井川時代の宮浦本川、大山祇神社参道の上を流れていた〉

写真 66：大三島宮浦本川②（愛媛県今治市）
　　　　〈天井川は平地河川化され、天井川跡は公園となった〉

写真 67：高川（大阪府吹田市・豊中市）
　　　〈千里丘陵から流れる天井川、手前が吹田市、川向こうが豊中市〉

写真 68：上之川改修記念碑（大阪府吹田市）
　　　〈天井川である上之川は氾濫が頻発、流路変更による改修の記念碑〉

写真 69：上之川天井川跡①（大阪府吹田市）〈流路変更後、道路の北側部分は長らく残されていたが、現在は撤去され、集合住宅となっている〉

写真 70：上之川天井川跡②（大阪府吹田市）〈流路変更後、道路の北側部分は長らく残されていたが、現在は撤去され、集合住宅となっている〉

【8】 海岸地形地域とサンゴ礁地形地域

（1） 海岸地形①：成因と種類

　海岸地形の成因と種類には、内的営力の隆起・沈降、そして断層があり、隆起と沈降から海岸地形が区分されます。

　海岸の隆起（海面の低下）で形成されたのが離水海岸で、海岸平野・海岸段丘が、海岸の沈降（海面の上昇）で形成されたのが沈水海岸で、リアス式海岸・フィヨルド海岸・三角江（エスチュアリー）、海岸が、一方は隆起、他方は沈降したのが中性海岸で、断層海岸がその事例です。

（2） 海岸地形②：離水海岸の海岸平野・海岸段丘

　離水海岸の海岸平野は、隆起によって、あるいは海面の沈降で、海底部分が陸上に現れて平野となったもので、海岸に平行して平野が広がります。その後、波が砂浜に打ち寄せて、砂浜海岸に、海岸線と並行に、浜堤が形成されることがあります。アメリカ合衆国大西洋岸（東海岸）や九十九里平野（千葉県）が、その事例です。

　離水海岸の海岸段丘は、隆起が間歇的に発生、もしくは、海面の沈降が間歇的に発生、波による侵食で段丘崖ができ、平坦面が段丘面となったもので、襟裳岬（北海道）・室戸岬（高知県）が、その事例です。

（3） 海岸地形③：沈水海岸のリアス式海岸

　沈水海岸のリアス式海岸は、沈降、あるいは海面の上昇で、陸地であった場所に海水が浸入し、複雑な入り江となった海岸で、リアスバホス海岸（スペイン）のリアは入り江という意味、リアス式海岸の名前の由来となりました。また、三陸海岸（岩手県・宮城県）・英虞湾（三重県）・瀬戸内海（兵庫県・岡山県・広島県・香川県・愛媛県）・宇和海（愛媛県・大分県）・対馬浅茅湾（長崎県）・五島列島（長崎県）・奄美大島（鹿児島県）など、日本に多くの事例があります。

（4）海岸地形④：沈水海岸のフィヨルド海岸

　沈水海岸のフィヨルド海岸は、沈降、あるいは海面の上昇で、氷食谷（U字谷）に海水が浸入した海岸で、高緯度に分布する氷河地形でもあります。

　北半球の高緯度には、スカンディナビア半島のノルウェーの海岸で、ヴェストフィヨルド・ソグネフィヨルド・トロンヘイムフィヨルド・ハンダンゲルフィヨルドなどがあり、アラスカ（アメリカ合衆国）・グリーンランド島（デンマーク）などにもあります。南半球の高緯度には、ニュージーランド・チリ南岸で見られます。

（5）海岸地形⑤：沈水海岸の三角江（エスチュアリー）

　沈水海岸の三角江（エスチュアリー）は、沈降、または海面上昇で河口部分が広がり、大きな入り江となったものです。安定陸塊の海岸・河口に多く、船舶の遡上が容易となります。

　テムズ川（イギリスのロンドンを流れる）、セーヌ川（フランスのパリを流れる）、セントローレンス川（五大湖のオンタリオ湖からカナダのモントリオール・ケベックを流れる）、ラプラタ川（アルゼンチンのブエノスアイレス、ウルグアイのモンテビデオを流れる）が、その事例です。

（6）海岸地形⑥：沈水海岸の活用と問題点

　リアス式海岸は、入り江の湾内は通常、波が穏やかで天然の良港となり、台風時などには避難港となります。漁業では、漁村となって出漁拠点や養殖に利用されます。しかし、沖合で津波が発生した場合、入り江の奥は波高が高くなり、過去に、大きな被害がありました。

　フィヨルド海岸は、内陸奥深くまで水深が深く、大型船も湾内奥深くまで入ることができ、鉱石の輸送や観光クルーズに活用されます。高緯度にみられる氷河地形でもあるため、ヨーロッパのように沖合を暖流が流れていれば冬季凍結しませんが、寒流の場合は凍結することがあります。

（7）海岸地形⑦：中性海岸の断層海岸

　中性海岸の断層海岸は、断層運動によって、地層のずれが生じ、断層崖

が海岸線となった海岸で、海岸線は直線状で陸地側は急崖となります。平地がほとんどなく、港・堤防の設置が難しく、交通の障害となりました。しかし、土木技術の進歩により、内陸部のトンネル建設や海岸部の道路設置で、交通障害は大きく改善されました。敦賀湾東岸（福井県）・親不知（新潟県・富山県、東西の境界となった）・淡路島南岸（兵庫県）・台湾東海岸（数百メートルの断崖絶壁が連なる）が、その事例です。

（8）海岸地形⑧：海食崖・海食洞

　海岸地形で、外的営力の侵食によるのが海食崖と海食洞です。

　海食崖は、波の侵食によってできた海岸の急崖で、特に、波が強い外洋に面した半島や岬の先端でよく見られます。

　海食洞は、海食崖の波打ち際の弱い部分を侵食して空洞が形成されたもので、観光によく活用されます。特に、海が青く美しい場合、「青の洞窟」と称される観光海食洞がイタリアや日本にあります。

（9）海岸地形⑨：砂嘴（さし）・砂州（さす）

　海岸地形で、外的営力の堆積によるのが砂嘴・砂州です。

　砂嘴（さし）は、海岸から沖に向かって、土砂が運搬・堆積した地形、コッド岬（アメリカ合衆国）、野付崎（北海道）、富津岬（千葉県）、三保・大瀬崎・戸田（静岡県）、和田岬（兵庫県）、山川（鹿児島県）が、その事例です。

　砂州（さす）は、海岸から対岸に向かって、土砂が運搬・堆積し、対岸に到達した地形、弓が浜（鳥取県）、天橋立・久美浜湾（京都府）、サロマ湖・能取湖（北海道）、上甑島長目浜（鹿児島県）などが、その事例です。

（10）海岸地形⑩：潟湖（せきこ）（ラグーン）・陸繋砂州（りくけいさす）・陸繋島（りくけいとう）

　海岸地形で、外的営力の堆積によるのが潟湖・陸繋砂州・陸繋島です。

　潟湖（せきこ）（ラグーン）は、砂州によって、海から分離された海跡湖、サロマ湖・能取湖（北海道）、八郎潟（秋田県）、阿蘇海（京都府）、中海（島根県）、池島鏡池（長崎県）、海鼠池（鹿児島県）などが、その事例です。

　陸繋砂州（りくけいさす）（トンボロ）は、海岸から沖合の島に向かって、土砂が運搬・

堆積し、沖合の島に到達した砂州、函館・室蘭（北海道）、串本（和歌山県）、讃岐粟島（香川県）、室積（山口県）、上甑島里村（鹿児島県）などが、その事例です。陸繋島は、砂州で本土と繋がった島を指し、函館山（北海道）は、陸繋砂州ができる前は、島でした。

（11）海岸地形⑪：都市立地と観光活用

　都市立地としては、陸繋砂州（トンボロ）上が平坦地であるため、町並みが作りやすく、串本（和歌山県）、函館・室蘭（北海道）、上甑島里村（鹿児島県）、室積（山口県）などの事例があります。

　観光活用としては、リアス式海岸（例：英虞湾・三陸海岸・瀬戸内海・対馬浅茅湾・五島列島）、フィヨルド（例：ノルウェー）、砂嘴（例：三保の松原）、砂州（例：天橋立）などの事例があり、陸繋砂州（トンボロ）では、函館山から見た函館の夜景は有名です。近年、小豆島（香川県）のエンジェルロードと黒島（岡山県・牛窓沖）のヴィーナスロードが、潮の干満の差から、砂州が海に没する時間があり、魅力的と注目されています。

（12）海岸地形⑫：八郎潟の干拓

　干拓による陸地化としては、潟湖（ラグーン）の干拓があります。かつて、寒風山は島でしたが、二つの砂州の発達により、陸繋島となり、同時に、潟湖（ラグーン）の八郎潟ができました。

　八郎潟（秋田県）は、かつて面積が日本第二位の湖で、干拓は 1957 年（昭和 32 年）着工、入植は 1967 年（昭和 42 年）開始、1970 年（昭和 45 年）に米の生産調整（減反政策）開始、八郎潟で稲作開始、他県減産で、秋田県は東北一の米どころとなりました。なお、干拓地のため、かつての海底が陸地となり、標高はマイナスとなり、最高地点は大潟富士の０ｍになります。

（13）サンゴ礁地形①：成因と分布海域

　サンゴ礁は、石灰岩物質で形成された岩礁で、造礁サンゴと呼ばれる生物（サンゴ虫）が活発に炭酸カルシウムを分泌することでできます。

　サンゴ礁の形成には、海水温 25 〜 29℃の暖かい海（すなわち間氷期で北

緯・南緯30度までの低緯度)、太陽光が海底まで到達する海(すなわち浅い海)、清浄な海(すなわち都市排水や工場排水のない海)など、これらの諸条件がすべて揃わなければ、サンゴ礁は形成されないのです。

(14) サンゴ礁地形②:裾礁_{きょしょう}・堡礁_{ほしょう}・環礁_{かんしょう}

裾礁_{きょしょう}は、島や大陸の海岸に接して発達したサンゴ礁、石垣島など奄美・沖縄の島々が、その事例です。

堡礁_{ほしょう}は、島や大陸の沖合に発達したサンゴ礁、裾礁が沈降してでき、グレートバリアリーフ(オーストラリア)が、その事例です。

環礁_{かんしょう}は、陸は海面下となり、環状に発達したサンゴ礁で、堡礁が沈降してでき、ビキニ環礁(マーシャル諸島)・ミリ環礁(マーシャル諸島)が、その事例です。

(15) サンゴ礁地形③:太平洋海域・インド洋海域・大西洋海域

太平洋海域は、最もサンゴ礁が発達した海域で、裾礁は奄美群島・沖縄離島に、堡礁はフィリピン・ニューギニア・オーストラリアに、環礁はミクロネシア・メラネシア・ポリネシアに分布します。

インド洋海域は、太平洋に次いで発達した海域で、裾礁はアンダマン諸島(インド)に、堡礁はアフリカ東岸・マダガスカルに、環礁はモルディブ諸島に分布します。

大西洋海域は、寒流が多く流れるため、サンゴ礁が少なく、堡礁がカリブ海の島々に分布します。

(16) 太平洋のサンゴ礁地形と生活

裾礁においては、火山島で山体があれば、そこに雲がぶつかって降雨があり、森が広がるとともに、農業が可能である島々が多くあります。

堡礁においては、太平洋は大陸プレートに海洋プレートが沈み込むため、津波が発生しやすい海域ですが、世界最大の堡礁がオーストラリア大陸の東海岸沖にあるグレートバリアリーフ(大堡礁)で、海に中の堤防のような役割を果たし、津波をやわらげてくれることとなります。

　環礁においては、南太平洋の島々に環礁の島が多くあり、山がないため、降雨が乏しく、また、川がないため真水が乏しく、農業が困難な島々も多い。氷河期に海面が低下して陸地となりましたが、温暖化の影響もあり、間氷期に入り海面が上昇することとなったため、海抜高度が低い環礁の島々は水没の危険性があります。

（17）太平洋のサンゴ礁島①：ミクロネシア・メラネシア・ポリネシア

　ミクロネシア（小さい島々）は、北太平洋西部に位置、パラオ・ミクロネシア連邦・マーシャル諸島・ナウル（リン鉱石を産出）が分布する。

　メラネシア（黒い島々）は、南太平洋西部に位置、パプアニューギニア・ソロモン・バヌアツ・フィジー・仏領ニューカレドニア（ニッケルを産出）が分布する。

　ポリネシア（多くの島々）は、南太平洋東部に位置、ツバル（フナフティ環礁）・キリバス・サモア・トンガ・仏領ソシエテ諸島・タヒチ島（裾礁）・ボラボラ島（堡礁）・チリ領ラパヌイ島（イースター島）が分布、観光で有名な島々もあります。

（18）太平洋のサンゴ礁島②：経済的自立・寄港地としての価値

　仏領ニューカレドニア（ニッケル）やナウル（リン鉱石）のように地下資源を産出する島々、タヒチのように観光で有名な島々もありますが、全般的に、植民地からの独立後、経済的自立が困難な島国が多く、多くの島国は、国際援助で成り立っています。

　帆船の時代は、風待ち港など、寄港地として、重要性があった時期もあり、航空の時代でも、初期は航空機の航続距離が短く、サンゴ礁のリーフに滑走路を設置するといった、空港のある島は、燃料補給の寄港地としての価値がありました。しかし、現在は、航空機の航続飛行距離が長くなり、寄港地としての価値は大幅に低下しました。

（19）サンゴ礁地形④：奄美群島

　奄美群島（鹿児島県）は、サンゴ礁の島々です。

奄美大島は、奄美群島の中心、名瀬が中心都市、加計呂麻島（かけろまじま）は、奄美大島との間に、大島海峡があり、請島は、加計呂麻島との間に、請島海峡があり、与路島は、請島と徳之島との間にあります。

喜界島は、隆起サンゴ礁の島で、100〜200m隆起しました。徳之島はサンゴ礁のリーフに、滑走路を建設しました。沖永良部島は、鍾乳洞（昇竜洞・水連洞）が発達しています。与論島は、美しい砂浜から、観光の島として有名で、沖縄の本土復帰前は、日本統治で、最南端の島（有人島）でした。

（20）サンゴ礁地形⑤：沖縄本島周辺離島・宮古諸島

沖縄本島周辺離島や宮古諸島も、サンゴ礁の島々です。

伊江島は、農業の島、菊の切り花・葉タバコ栽培が有名、水納島は、パンのクロワッサンに似た形の島、久高島は、「神の島」といわれる聖地、久米島は、はての浜・イーフビーチなど美しい砂浜があります。

宮古諸島は、高い山がなく、低平な島々で、宮古島は、宮古諸島の中心、塩づくりが行われ「雪塩」が有名、伊良部島は、全長3,540mの伊良部大橋で宮古島と架橋、池間島・来間島の2島も宮古島から架橋され、多良間島も低平で最高地点は標高34m、そこに遠見台があります。

（21）サンゴ礁地形⑥：大東諸島

大東諸島は、南大東島・北大東島・沖大東島から構成され、海底2,000mより、2,000mの高さでそそり立つ世界的に極めて珍しい、隆起環礁の洋島です。無人島であったのですが、1900年（明治33年）に八丈島から開拓者が南大東島と北大東島に入植しました。

南大東島と北大東島は、大規模なサトウキビ栽培の島で、北大東島は、かつてリン鉱石を採掘、沖大東島でも、戦前、リン鉱石を採掘、戦後は無人島となりました。台風がたびたび襲来、その波浪で微小地震が発生します。那覇から航空便と船便があり、テレビは衛星放送のみ映ります。

(22) サンゴ礁地形⑦：八重山群島

八重山群島もサンゴ礁の島々で、日本最南西端の島々です。

石垣島は、八重山群島の中心、石垣市は日本最南西端の都市で、観光客が多く、航空旅客便も多数就航しています。西表島は、日本のアマゾンと称されるジャングル島、竹富島は、古き良き沖縄の家並みが残り、小浜島は、海洋リゾートホテルが立地、黒島・新城島は、肉牛飼育の島、波照間島は、有人島で日本最南端の島、与那国島は、日本最西端の島、海底遺跡とテレビドラマ「Dr. コトー診療所」ロケ地で知られています。

(23) サンゴ礁地形⑧：居住・資源・空港・観光利用

居住利用としては、比較的面積の狭い島が多く、特に狭小島の場合、水没のリスクがあり、また、雨が少ない場合、農業が困難となります。

資源利用としては、サンゴ礁は石灰岩で、採掘して利用され、沖縄本島（本部）に採掘場があり、黒糖製造にも利用されます。

空港（滑走路）利用としては、サンゴ礁のリーフを滑走路に利用、徳之島空港・奄美空港・久米島空港が、その事例です。

観光利用としては、与論島や伊良部島、石垣島のサンゴ礁が、特に美しいサンゴ礁として知られ、観光地となっています。また、サンゴ礁は石灰岩であるため、カルスト地形が形成され、鍾乳洞ができ、沖永良部島の鍾乳洞が有名です。

「まとめ」：

　海岸地形の種類には、大きく何があるか。

　サンゴ礁地形の種類には、大きく何があるか。

　日本のサンゴ礁地形は、大きくどこに分布するか。

「考察」：

　海岸地形の成因には、何があるか。

　サンゴ礁地形の成因には、何があるか。

　日本のサンゴ礁地形の利用には、何があるか。

表3：日本の海岸地形27選

地図中の位置	都道府県名	地名	地形名
1	千葉県	九十九里平野	海岸平野
2	北海道	襟裳岬	海岸段丘
3	高知県	室戸岬	海岸段丘
4	岩手・宮城	三陸海岸	リアス式海岸
5	三重県	英虞湾	リアス式海岸
6	愛媛・大分	宇和海	リアス式海岸
7	長崎県	対馬浅茅湾	リアス式海岸
8	長崎県	五島列島	リアス式海岸
9	鹿児島県	奄美大島	リアス式海岸
10	新潟・富山	親不知	断層海岸
11	福井県	敦賀湾東岸	断層海岸
12	兵庫県	淡路島南岸	断層海岸
13	北海道	野付崎	砂嘴
14	千葉県	富津岬	砂嘴
15	静岡県	三保・戸田	砂嘴
16	兵庫県	和田岬	砂嘴
17	鹿児島県	山川	砂嘴
18	北海道	サロマ湖	砂州・潟湖（ラグーン）
19	秋田県	八郎潟	砂州・潟湖（ラグーン）
20	京都府	天橋立・阿蘇海	砂州・潟湖（ラグーン）
21	鳥取・島根	弓ヶ浜・中海	砂州・潟湖（ラグーン）
22	北海道	函館	陸繋砂州・陸繋島
23	北海道	室蘭	陸繋砂州・陸繋島
24	和歌山県	串本	陸繋砂州・陸繋島
25	香川県	讃岐粟島	陸繋砂州・陸繋島
26	山口県	室積	陸繋砂州・陸繋島
27	鹿児島県	上甑島	陸繋砂州・砂州・潟湖

分布図3：日本の海岸地形27選

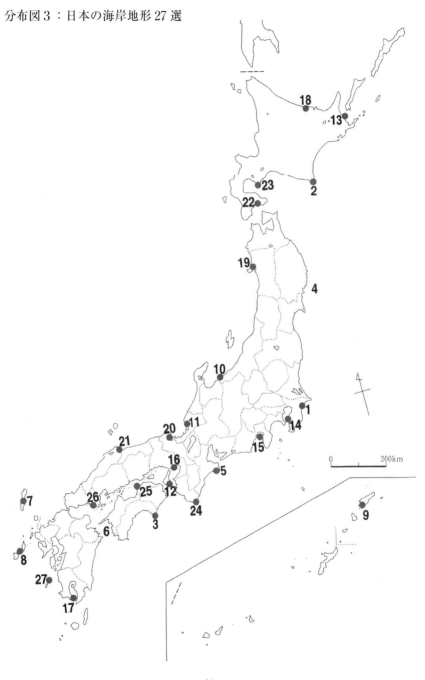

表4：日本のサンゴ礁地域島22選

地図中の位置	都道府県名	島名
1	鹿児島県	奄美大島
2	鹿児島県	加計呂麻島・与路島・請島
3	鹿児島県	喜界島
4	鹿児島県	徳之島
5	鹿児島県	沖永良部島
6	鹿児島県	与論島
7	沖縄県	沖縄本島・水納島・津堅島
8	沖縄県	伊平屋島・伊是名島
9	沖縄県	伊江島
10	沖縄県	粟国島
11	沖縄県	座間味島・渡嘉敷島・阿嘉島
12	沖縄県	久米島・奥武島・オーハ島
13	沖縄県	北大東島
14	沖縄県	南大東島
15	沖縄県	宮古島・池間島・来間島・大神島
16	沖縄県	伊良部島・下地島
17	沖縄県	多良間島
18	沖縄県	石垣島
19	沖縄県	竹富島・黒島・小浜島
20	沖縄県	西表島・由布島・鳩間島
21	沖縄県	波照間島
22	沖縄県	与那国島

注：他に、久高島・渡名喜島・慶留間島・新城島・外離島などがある。
また、沖縄本島からの架橋島は除いた。

分布図 4 ：日本のサンゴ礁地域島 22 選

地図27：5万分の1地形図「松島」大正元年測図　　　　（0.9倍に縮小）
　　　松島湾のリアス式海岸　描図

地図28：20万分の1地勢図「伊勢」昭和53年要部修正　　（0.9倍に縮小）
　　　英虞湾のリアス式海岸　描図

地図 29：20 万分の 1 帝国図「佐倉」大正 4 年改版　　　　（0.9 倍に縮小）
　　　九十九里浜の海岸平野　描図

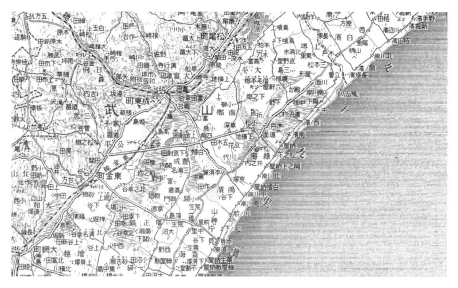

地図 30：20 万分の 1 帝国図「富山」大正 13 年鉄道補入　　（0.9 倍に縮小）
　　　親不知海岸の断層海岸　描図

地図31：20万分の1地勢図「徳島」昭和47年修正　　　（0.9倍に縮小）
淡路島南岸の断層海岸、東南端の由良に砂州　描図

地図32：20万分の1帝国図「静岡」大正7年製版　　　（0.8倍に縮小）
駿河湾両側、三保の松原と大瀬崎・戸田の砂嘴　描図

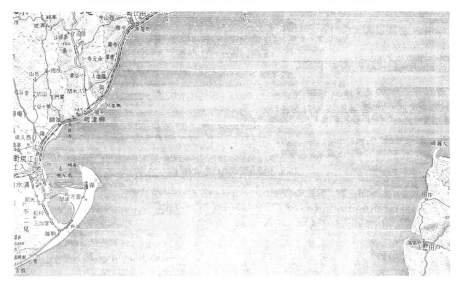

地図33：5万分の1地形図「宮津」昭和23年資料修正　　（0.9倍に縮小）
　　　阿蘇海の潟湖ラグーン、天橋立の砂州　描図

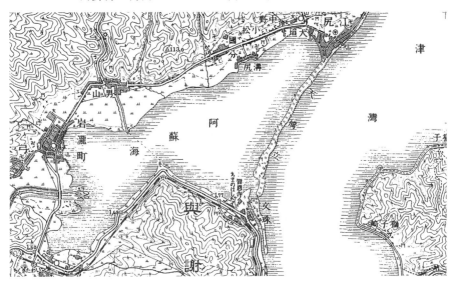

地図34：5万分の1地形図「相川」昭和28年応急修正　　（0.9倍に縮小）
　　　加茂湖の潟湖ラグーン、砂州上は両津の町並み　描図

地図35：5万分の1地形図「串本」昭和33年要部修正　　（0.9倍に縮小）
　　　　陸繋島・陸繋砂州に串本の町並み　描図

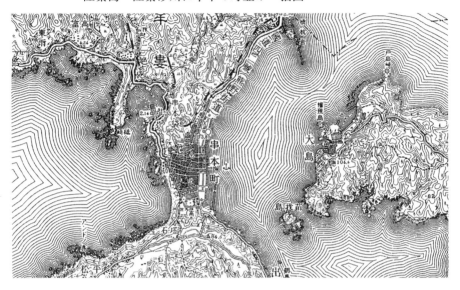

地図36：5万分の1地形図「里村」昭和26年応急修正　　（0.9倍に縮小）
　　　　潟湖ラグーン、陸繋島、陸繋砂州上は里村の町並み　描図

地図37：5万分の1地形図「南北大東島」昭和37年応急修正（0.8倍に縮小）
　　　　北大東島、隆起環礁の島　描図

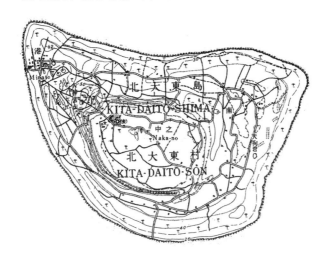

地図38：5万分の1地形図「多良間島」昭和48年修正測量（0.8倍に縮小）
　　　　多良間島、サンゴ礁島　描図

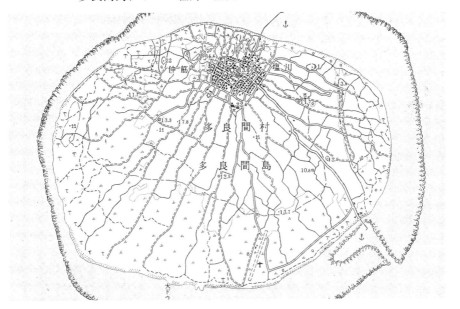

写真71：松島（宮城県塩釜市）
〈日本三景の一つ、典型的な沈降海岸のリアス式海岸〉

写真72：浅茅湾（長崎県対馬市）〈対馬上島と下島の間の深い入り江、典型的な
沈降海岸のリアス式海岸、かつて福岡からの水上機が離発着した〉

写真 73：壱岐島鬼の足跡（長崎県壱岐市）〈海食洞の天井部分が崩落して形成〉

写真 74：戸田（静岡県沼津市）〈砂嘴の地形、湾内は天然の良港、かつて沼津
　　　　などと定期航路があった、写真はその船の入港風景〉

写真 75：天橋立①（京都府宮津市）
　　　　〈日本三景の一つ、北側の傘松公園から見たもの〉

写真 76：天橋立②（京都府宮津市）
　　　　〈日本三景の一つ、南側のビューランドから見たもの〉

写真77：上甑島長目の浜（鹿児島県薩摩川内市）〈上甑島には、この砂州・潟湖
　　　　［ラグーン］地形以外、陸繋島・陸繋砂州の地形がみられる〉

写真78：小豆島のエンジェルロード（香川県土庄町）
　　　　〈潮の満ち引きで現れる砂州地形〉

写真 79：函館（北海道函館市）
　　　　〈陸繋砂州の上に函館の街並みがある。函館山は陸繋島〉

写真 80：串本（和歌山県串本町）
　　　　〈陸繋砂州の上に串本の街並みがある。潮岬は陸繋島〉

写真81：池島鏡池（長崎県長崎市）
〈潟湖［ラグーン］である鏡池を開削して、港とした〉

写真82：大潟富士（秋田県大潟村）〈八郎潟を干拓してできた大潟村は、標高が
海面下、人工的に盛り土を行って、標高０ｍの大潟富士を作った〉

写真 83：喜界島（鹿児島県喜界町）
　　　　〈隆起サンゴ礁の島、階段状に隆起した地形がみられる〉

写真 84：徳之島（鹿児島県徳之島町・天城町・伊仙町）
　　　　〈長寿の島として有名、鍾乳洞も見られる〉

写真85：沖永良部島（鹿児島県和泊町・知名町）

写真86：北大東島①（沖縄県北大東村）
　　　　〈離陸した飛行機から見た北大東島全景〉

写真87：北大東島②（沖縄県北大東村）
　　〈隆起環礁の島で、島の中央がかつてのラグーン跡、集落がここにある〉

写真88：北大東島③（沖縄県北大東村）
　　〈幕と称される、かつての環礁の内側部分〉

写真89：南大東島①（沖縄県南大東村）〈飛行機から見た、隆起環礁の島〉

写真90：南大東島②（沖縄県南大東村）〈かつてのラグーン跡には、見渡す限りのサトウキビ畑が広がる、集落もここにある〉

写真 91：池間島（沖縄県宮古島市）〈宮古島の狩俣と架橋されている〉

写真 92：伊良部島・下地島（沖縄県宮古島市）
　　　　〈現在は宮古島と架橋されている。滑走路があるのは下地島〉

写真 93：多良間島（沖縄県多良間村）
〈典型的な楕円形の低平な隆起サンゴ礁の島。最高地点は標高 34 m〉

写真 94：石垣島津波石（沖縄県石垣市）
〈1771 年明和の大津波で打ち上げられたサンゴ礁の津波石〉

写真 95：黒島（沖縄県竹富町）
〈ハート形をした低平な隆起サンゴ礁の島。展望台は標高 10 m〉

写真 96：西表島・外離島（沖縄県竹富町）
〈西表島はジャングルの島、外離島はかつて炭鉱があった〉

写真 97：竹富島①（沖縄県竹富町）〈空から見た竹富島。サンゴ礁のリーフの一
　　　部を切り開いて、船舶の航路とした〉

写真 98：竹富島②（沖縄県竹富町）〈空から見た竹富島。津波も考慮して、昔な
　　　がらの家屋が残る集落は島の中央にある〉

【9】 氷河地形地域・乾燥地形地域・カルスト地形地域

（1） 氷河地形①：氷河期と氷河地形の成因

　氷河地形は、氷河期に氷河が広がって形成された地形です。地球は、公転軌道の周期的変化（10万年）により、寒冷化の氷期と温暖化の間氷期が交互に出現、最終氷期は1万年前で、現生人類が誕生していました。

　氷河期には、北極・南極を中心とした大陸氷河と高山での山岳氷河（谷氷河）が拡大し、また、それによって海面が低下しました。間氷期には、氷河が融けて後退、また、それによって海面が上昇することとなります。

　現在は間氷期で、かつての氷河期の海面低下で出現した陸地（大洋中のサンゴ礁島など）は、間氷期の海面上昇で、再び、水没の危機にあります。

（2） 氷河地形②：間氷期と氷河移動のスピード

　現在は間氷期で、氷河は融けて後退していますが、高緯度の北極・南極や、高山山地では氷河が残り、移動を継続しています。

　氷河移動のスピードは、河川水の移動に比べて極めて遅く、そのため強力な侵食力があります。特に、山間部の谷では、垂直方向に強く働いて、U字形の断面となるU字谷を形成します。平地では、土壌を削り取り、岩盤が露出して、農業が困難となるなど、人間生活に大きな影響を与えます。横へ広がり侵食した場合、比較的広大な湖である氷河湖となります。

（3） 氷河地形③：大陸氷河と山岳氷河（谷氷河）

　氷河には、まず、大陸氷河があり、大陸を厚くおおう大規模な氷河で、現在でもグリーンランド・南極に残ります。ついで、山岳氷河（谷氷河）があり、高緯度の谷や高山山地の谷に発達した氷河です。

　山岳氷河（谷氷河）が形成した氷河地形としては、まず、ホルン（尖峰）があり、ホーンとも呼ばれ、三角錐形の尖った岩峰を形成、アルプスのマッターホルンが有名です。ついで、カール（圏谷）があり、氷食による馬蹄形の谷で、山頂近くにスプーンですくったような形のくぼみを形成します。

（4）氷河地形④：氷食谷（U字谷）

　山岳氷河（谷氷河）が形成した氷河地形には、氷食谷（U字谷）があり、氷河が流れることによる氷食によってできた断面がU字形の谷で、海まで達することもあります。海まで達して、沈降、もしくは海面が上昇すると、海水が侵入して、フィヨルド（峡湾）となります。

　氷食谷（U字谷）の谷壁は急崖となり、土地利用は極めて困難ですが、谷底は幅広く平坦で、農耕や牧畜がおこなわれ、また、集落が立地して生活に利用されます。さらに、その景観が特徴的なことから、観光資源となり、特に、北ヨーロッパでは多くの観光客が訪れます。

（5）氷河地形⑤：フィヨルド（峡湾）

　フィヨルド（峡湾）は、海にまで達した氷食谷（U字谷）が、海水の浸入で奥深い入り江となった地形で、波が比較的穏やかであり、奥深いところまで水深が深く、また、幅が広い。したがって、比較的大型の外国航路の外洋クルーズ船が入り江の奥深くまで入港できることとなります。さらに、その特徴的な景観から、観光資源となっています。

　北半球では、ソグネフィヨルド・トロヘイムフィヨルド・ヴェストフィヨルド等、ノルウェーの海岸に数多くのフィヨルドがあり、南半球では、ニュージーランドやチリ南部などでも見られます。

（6）氷河地形⑥：氷河湖（氷食湖）

　氷河湖（氷食湖）は、氷河による浸食が横にも広がって、幅広い窪地を作り、そこに水がたまって、湖や沼となった地形です。その水資源は、生活用水や工業用水に利用されて、湖畔に都市が立地、工業も発達、また、その景観が美しく、観光資源となって、観光客が訪れます。

　北アメリカのスペリオル湖・ミシガン湖・ヒューロン湖・エリー湖・オンタリオ湖の五大湖、北ヨーロッパのフィンランド・スウェーデンの湖、スイス・オーストリアのアルプス山脈の湖などが、その代表例です。

（7）氷河地形⑦：モレーン（氷堆石）

　モレーン（氷堆石）は、氷河の移動で削り取られた土壌が運搬され、氷河の末端に堆積した砂礫や岩塊が、氷河の後退によって、丘のようになった地形です。ドイツ北部・デンマーク・北アメリカなど、氷河が広がった末端にあります。

　モレーンおよびモレーンの先は肥沃な土壌で、農耕に適しますが、氷河移動で土壌が削り取られたモレーン手前の土地はやせて、農耕に不適となります。氷河は、過去に、前進や後退を何度も繰り返し、モレーンもそのたびにいくつも形成されています。したがって、いくつものモレーンが波浪上に連なる場所があります。

（8）氷河地形⑧：北ヨーロッパにおける氷河地形の影響

　北ヨーロッパの国々は、かつて氷河に覆われた国々で、農業が困難な地域です。そこから、早い時点で、自国での産業の有利不利を判断し、各国は特定産業を育成して、社会保障制度を充実させ、社会保障・社会福祉の先進国となりました。

　デンマークは、氷河浸食によって土地が草しか生えないので、酪農国となりました。スウェーデンは、氷河侵食によって鉄鉱石が露出、高品位の鉄鉱石を露天掘り、鉄鉱石を輸出しています。ノルウェーは、氷河侵食で平地が乏しく、海岸のフィヨルド地形から、海に活路を求め、水産業を発達させました。フィンランドは、氷河侵食で、森と湖の国となり、林業から家具・デザイン家電へと発展させました。

（9）氷河地形⑨：北アメリカにおける氷河地形の影響

　北アメリカでは、ハドソン湾を中心とした安定陸塊の一帯に、氷河が広がり、氷河湖やモレーンができました。侵食を受けて平坦となった安定陸塊地域が、さらに氷河の侵食を受けたため、地下にあった鉱産資源が露出し、メサビ鉄山（アメリカ合衆国）など、資源探査が容易で、露天掘りが可能となりました。氷河湖の五大湖は、運河等で相互に繋がり、セントローレンス川で外洋に出ることが可能です。このように、氷河侵食による資源

産出と交通路利用が、鉱工業の発達に大きく貢献しているのです。

(10) 氷河地形⑩：ニュージーランド・チリ・南極大陸

　南半球では、オセアニアのニュージーランド、南アメリカ大陸のチリ、南極大陸に、氷河地形が分布します。

　ニュージーランドでは、南島のサザンアルプスに、多くの氷河が西海岸まで延び、タスマン氷河が最大で、フォックス氷河・フランツジョセフ氷河もあります。フィヨルドも多く、フィヨルドランド国立公園など氷河観光が代表的な観光資源となっています。チリでも、南部海岸にフィヨルドが多く発達、南極大陸には、大規模な大陸氷河が残っています。

(11) 乾燥地形①：砂砂漠・礫砂漠・岩石砂漠・ワジ・塩湖

　砂漠の種類には、砂砂漠（タクラマカン砂漠・グレートヴィクトリア砂漠）、礫砂漠（サハラ砂漠・アタカマ砂漠＜南アメリカ＞）、岩石砂漠（サハラ砂漠・ゴビ砂漠）があります。

　ワジは、涸れ川・涸れ谷で、乾燥地域、特に砂漠で、降水時のみ流水のある谷であり、中央アジアや北アフリカのサハラ砂漠に多い。

　塩湖は、乾燥地域の内陸部にある湖沼で、蒸発により湖水の塩分が濃縮され、塩分濃度が高い湖であり、グレートソルト湖（アメリカ合衆国）・死海（イスラエル・ヨルダン）が、その事例です。

(12) 乾燥地形②：オアシス・内陸河川・外来河川

　オアシスは、砂漠の中において、湧水がある場所で、外来河川沿い（外来河川の水が、地下に浸透して湧き出る）と、オーストラリアの大鑽井盆地の掘り抜き井戸での湧水によるものとがあります。

　内陸河川は、山地から、大陸内陸部の乾燥した盆地に流れ込む河川で、海洋には至らない。アムダリア・シルダリア・タリム川が事例です。

　外来河川は、湿潤地域（熱帯・温帯）が河川の源で、水量が豊富で、乾燥地域を貫いて流れても蒸発せず、乾燥地域を潤す河川となります。

（13）乾燥地形③：外来河川と古代文明発祥の地

　乾燥地域、特にステップ気候は土壌が肥沃です。しかし、土壌が肥沃でも、水が得にくいと農業は困難となります。外来河川は、乾燥地域の外から来る、すなわち、湿潤地域が源のため流量が豊富で、砂漠の中を流れても蒸発が比較的少なく、外来河川沿いは、肥沃な土壌と豊富な水で極めて豊かな農業地域となります。

　古代文明発祥の地は、すべて、外来河川沿いで、ナイル川・チグリス川・ユーフラテス川・インダス川・黄河の流域です。アマゾン川など大河でも、外来河川でない河川は古代文明発祥の地となっていません。

（14）カルスト地形①：石灰岩地域の溶食地形

　カルスト地形は、石灰岩が分布する地域に見られ、石灰岩に雨水がしみ込み、化学反応により、石灰岩が溶けてできる、溶食地形です。カルストの名称は、スロベニア（東ヨーロッパ）のカルスト地方でよくみられることから、名付けられました。

　日本は、全国の広範囲に石灰岩が分布するため、カルスト地形も、北海道から沖縄まで各地方にあります。その中でも、日本三大カルストとされるのは、秋吉台（山口県）、平尾台（福岡県）、四国カルスト・大野ヶ原（愛媛県・高知県）です。

（15）カルスト地形②：ドリーネ・ウバーレ・ポリエ・タワーカルスト

　石灰岩地域の地表では、石灰岩の溶食によって窪地ができます。ドリーネは、すり鉢状の窪地で、畑に利用もされ、ウバーレは、数個のドリーネが連結してできる窪地、ポリエは、ウバーレがさらに拡大して、盆地となったもので、溶食盆地ともいわれ、町が立地することもあります。

　タワーカルストは、石灰岩の溶食の途中、石灰岩が鋭く取り残され、尖塔状・タワー状になったものです。中国南部の桂林（コイリン）が有名で、その独特の景観から、観光客が多く訪れます。

（16）カルスト地形③：鍾乳洞

　石灰岩地域の地下では、石灰岩の溶食によって空洞ができます。鍾乳洞は、地下にできる空洞であるとともに、天井から鍾乳石が数多く垂れ下がり、洞窟床上にも石灰石が厚く堆積して、柱状や階段状のカルスト地形ができます。

　秋吉台（山口県）の秋芳洞など、日本には多数の事例があり、石灰岩であるサンゴ礁地域でも、地下に大小の鍾乳洞が分布します。石灰石は、本来は多くは「乳白色」ですが、長期の観光客来訪で、変色もあります。

（17）カルスト地形④：日本の鍾乳洞（北海道・東北・関東）

　北海道では、上川地方と函館郊外の上磯に、石灰岩地域が分布、旭川の郊外には当麻鍾乳洞があります。

　東北では、青森県・岩手県・福島県の太平洋側山地に石灰岩地域が分布、岩手県の北上高地には安家洞・龍泉洞・幽玄洞、福島県の阿武隈高地には入水鍾乳洞・あぶくま洞があります。

　関東では、栃木県・埼玉県・東京都の足尾山地や関東山地に、石灰岩地域が分布、関東山地には、東京都の日原鍾乳洞、埼玉県の橋立鍾乳洞があります。

（18）カルスト地形⑤：日本の鍾乳洞（中部・中国・四国）

　中部では、新潟県から岐阜県の飛騨山脈や、岐阜県・滋賀県・三重県の伊吹山地や鈴鹿山脈、静岡県に石灰岩地域が分布、岐阜県の飛騨山脈には飛騨大鍾乳洞、伊吹山地には関ヶ原鍾乳洞、静岡県に竜ヶ洞があります。

　中国では、岡山県から山口県の中国山地に、石灰岩地域が分布、岡山県には井倉洞・満奇洞、山口県には秋芳洞・大正洞があります。

　四国では、高知県から愛媛県の四国山地に、石灰岩地域が分布、高知県には龍河洞があります。

（19）カルスト地形⑥：日本の鍾乳洞（九州・奄美・沖縄）

　九州では、福岡県の北九州と、大分県から熊本県の九州山地に、石灰岩

地域が分布、福岡県には千仏鍾乳洞、大分県には風連鍾乳洞・小半鍾乳洞・穂積水中鍾乳洞、熊本県には球泉洞があります。

奄美では、奄美群島各島に、石灰岩地域が分布、沖永良部島には昇竜洞・水連洞、与論島には赤崎鍾乳洞があります。

沖縄では、沖縄本島および沖縄離島に、石灰岩地域が分布、沖縄本島には玉泉洞、南大東島には星野洞、石垣島には石垣島鍾乳洞があります。

(20) カルスト地形⑦：日本の主要石灰岩分布地域（サンゴ礁地域除く）

北海道・本州太平洋側では、上磯（北海道）から、尻屋・八戸（青森）、東山・大船渡（岩手）、田村（福島）、日立（茨城）まで分布します。

関東では、葛生（栃木）から、秩父（埼玉）、奥多摩（東京）まで分布します。

中部・近畿（飛騨・伊吹・鈴鹿）では、青梅（新潟）から、大野・金生山（岐阜）、伊吹・多賀（滋賀）、藤原（三重）まで分布します。

中部・近畿・四国・九州（中央構造線南側）では、引佐（静岡）から、田原（愛知）、国見山（三重）、由良（和歌山）、土佐山・鳥形山（高知）、津久見（大分）、八代（熊本）まで分布します。

中国・九州（岡山・広島・山口西部・福岡北九州）では、吉備高原（岡山・広島）から、秋吉台（山口）、平尾台（福岡）まで分布します。

(21) カルスト地形⑧：観光地域・工業原料

石灰岩地域は、サンゴ礁が堆積したのち、移動・隆起した場所で、日本のように新期造山帯やその周辺にあります。石灰岩地域にできるカルスト地形は、特異な景観から、世界や日本でも、観光地域となっています。

また、石灰岩は、セメント原料・肥料原料・製鉄に使用されます。長州（山口県）・土佐（高知県）が古くから有名で、土佐石灰は城用漆喰、肥料で米の二期作を可能にしました。日本は石灰石がきわめて豊富で、自給が可能、輸出もされています。製鉄の不純物除去にも使用され、日本が製鉄で極めて良質の鉄を生産できるのは、豊富な石灰石によるものです。

(22) カルスト地形⑨：日本の主要石灰石鉱山①北海道〜新潟

　北海道では、北斗市に太平洋セメント峩朗採石場、青森県では、東通村に日鉄鉱業尻屋鉱業所、八戸市に住金鉱業八戸石灰鉱山、岩手県では、大船渡市に太平洋セメント大船渡鉱山、一関市東山町に東北鉄興社東鉄松川鉱山など、福島県では、田村市に旭砿末新滝根鉱山があります。茨城県では、日立市に日立セメント太平田鉱山、栃木県では、佐野市に住友大阪セメント唐沢鉱山など、埼玉県では、秩父市に武甲鉱業武甲鉱山など、東京都では、奥多摩町に奥多摩工業氷川鉱山、新潟県では、糸魚川市に電気化学工業青海鉱山、静岡県では、浜松市にイナサス栃窪鉱山があります。

(23) カルスト地形⑩：日本の主要石灰石鉱山②愛知県〜沖縄県

　愛知県では、田原市に田原鉱産田原鉱山、岐阜県では、大垣市に上田石灰製造金生鉱山など、滋賀県では、米原市に滋賀興産伊吹鉱山、三重県では、いなべ市にイシザキ藤原鉱山、南伊勢町に国見山石灰工業三重鉱山があります。岡山県では、新見市に足立石灰工業足立鉱山など、山口県では、美祢市に宇部興産宇部伊佐鉱山など、高知県では、高知市に土佐山鉱業所土佐山鉱山、仁淀川町に日鉄鉱業鳥形山鉱山鉱業所、福岡県では、北九州市に三菱マテリアル東谷鉱山など、大分県では、津久見市に戸高鉱業社戸高鉱山など、沖縄県では、本部町に琉球セメント安和鉱山などがあります。

「まとめ」：
　氷河および氷河地形の種類には、何があるか。
　砂漠および乾燥地形の種類には、何があるか。
　カルスト地形には、どこに、どのような種類があるか。

「考察」：
　氷河地形の人間生活への影響には、何があるか。
　乾燥地形の人間生活への影響には、何があるか。
　カルスト地形（石灰岩地域）の日本への影響には、何があるか。

表5：日本の鍾乳洞20選

地図中の位置	都道府県名・島名	鍾乳洞名
1	北海道	当麻鍾乳洞
2	岩手県	安家洞・龍泉洞
3	岩手県	幽玄洞
4	福島県	入水鍾乳洞・あぶくま洞
5	東京都	日原鍾乳洞
6	埼玉県	橋立鍾乳洞
7	静岡県	竜ヶ岩洞
8	岐阜県	飛騨大鍾乳洞
9	岐阜県	関ヶ原鍾乳洞
10	岡山県	井倉洞・満奇洞
11	山口県	秋芳洞・大正洞
12	高知県	龍河洞
13	福岡県	千仏鍾乳洞
14	大分県	風連鍾乳洞・小半鍾乳洞・穂積水中鍾乳洞
15	熊本県	球泉洞
16	鹿児島県沖永良部島	昇竜洞・水連洞
17	鹿児島県与論島	赤崎鍾乳洞
18	沖縄県沖縄本島	玉泉洞
19	沖縄県南大東島	星野洞
20	沖縄県石垣島	石垣島鍾乳洞

分布図5：日本の鍾乳洞20選

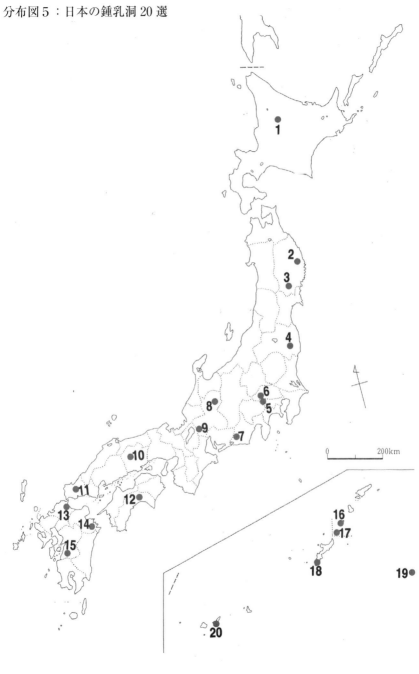

表 6：日本の石灰岩分布地域 25 選

地図中の位置	都道府県名	石灰岩地域名
1	北海道	上磯
2	青森県	尻屋
3	青森県	八戸
4	岩手県	大船渡
5	岩手県	東山
6	福島県	田村
7	茨城県	日立
8	栃木県	葛生
9	埼玉県	秩父
10	東京都	奥多摩
11	新潟県	青梅
12	岐阜県	大野・金生山
13	滋賀県	伊吹・多賀
14	三重県	藤原
15	静岡県	引佐
16	愛知県	田原
17	三重県	国見山
18	和歌山県	由良
19	高知県	土佐山
20	高知県	鳥形山
21	大分県	津久見
22	熊本県	八代
23	岡山県・広島県	吉備高原
24	山口県	秋吉台
25	福岡県	平尾台

注：鹿児島県奄美群島と沖縄県のサンゴ礁地域は除いた。

分布図6：日本の石灰岩分布地域25選

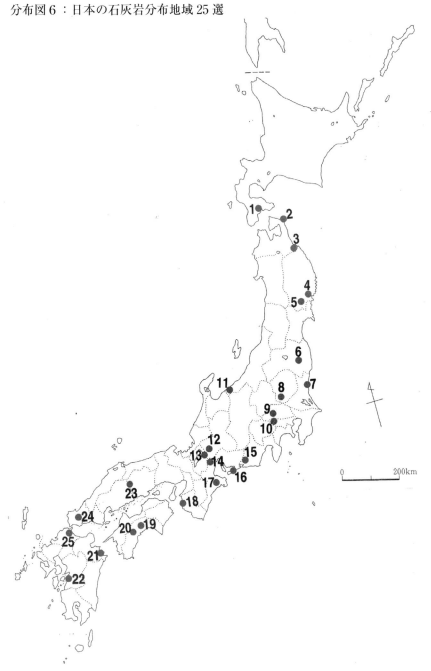

表 7：日本の石灰石鉱山 24 選

地図中の位置	都道府県市町村名	石灰石鉱山名
1	北海道北斗市	太平洋セメント峩朗採石場
2	青森県東通村	日鉄鉱業尻屋鉱業所
3	青森県八戸市	住金鉱業八戸石灰鉱山
4	岩手県大船渡市	太平洋セメント大船渡鉱山
5	岩手県一関市	東北鉄興社東鉄松川鉱山など
6	福島県田村市	旭砿末新滝根鉱山
7	茨城県日立市	日立セメント太平田鉱山
8	栃木県佐野市	住友大阪セメント唐沢鉱山など
9	埼玉県秩父市	武甲鉱業武甲鉱山など
10	東京都奥多摩町	奥多摩工業氷川鉱山
11	新潟県糸魚川市	電気化学工業青梅鉱山
12	静岡県浜松市	イナサス栃窪鉱山
13	愛知県田原市	田原鉱産田原鉱山
14	岐阜県大垣市	上田石灰製造金生鉱山など
15	滋賀県米原市	滋賀興産伊吹鉱山
16	三重県いなべ市	イシザキ藤原鉱山
17	三重県南伊勢町	国見山石灰工業三重鉱山
18	岡山県新見市	足立石灰工業足立鉱山など
19	山口県美祢市	宇部興産宇部伊佐鉱山など
20	高知県高知市	土佐山鉱業所土佐山鉱山
21	高知県仁淀川町	日鉄鉱業鳥形山鉱山鉱業所
22	福岡県北九州市	三菱マテリアル東谷鉱山など
23	大分県津久見市	戸高鉱業社戸高鉱山など
24	沖縄県本部町	琉球セメント安和鉱山など

分布図7：日本の石灰石鉱山24選

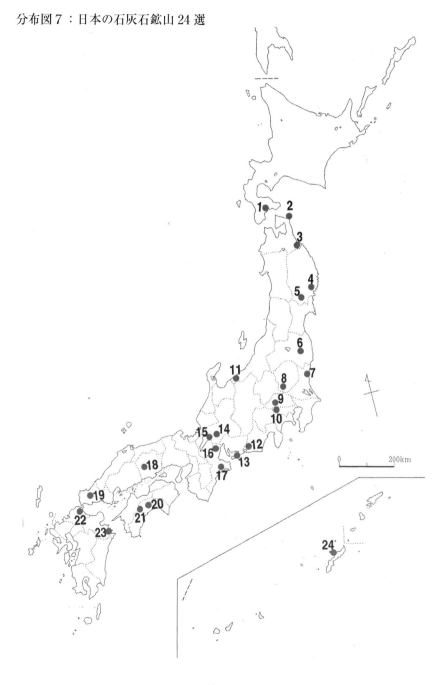

地図39：2万5千分の1地形図「穂高岳」平成4年修正測量 （0.9倍に縮小）
涸沢カール、奥穂高岳の標高は日本第三位 描図

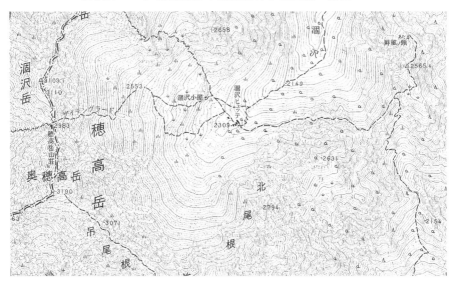

地図40：2万5千分の1地形図「木曾駒ケ岳」昭和51年測量 （0.9倍に縮小）
千畳敷カール 描図

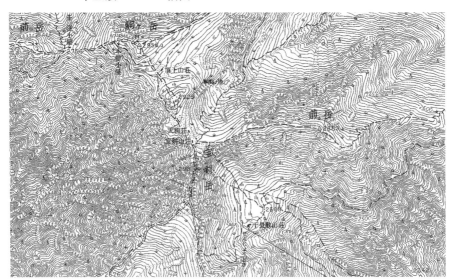

地図41：2万5千分の1地形図「秋吉台」昭和35年資料修正（0.9倍に縮小）
秋芳台のカルスト地形ドリーネ、秋芳洞の鍾乳洞　描図

地図42：2万5千分の1地形図「苅田」昭和45年改測　　（0.9倍に縮小）
「行橋」昭和45年測量
平尾台のカルスト地形ドリーネ、千仏鍾乳洞の鍾乳洞　描図

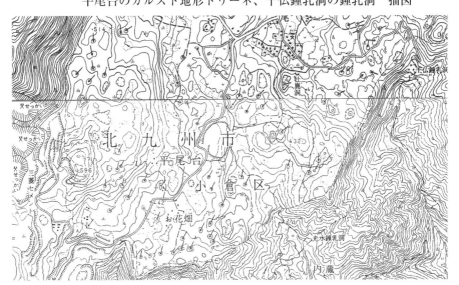

地図43：2万5千分の1地形図「新井田」昭和60年修正測量（0.9倍に縮小）
八戸石灰石鉱山　描図

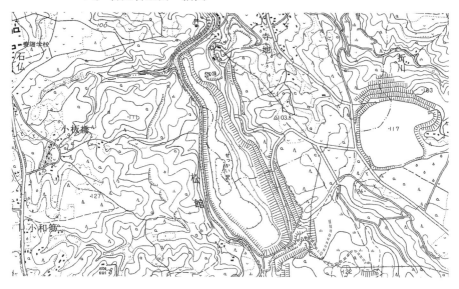

地図44：2万5千分の1地形図「秩父」平成7年修正測量　（0.9倍に縮小）
武甲山、石灰石鉱山　描図

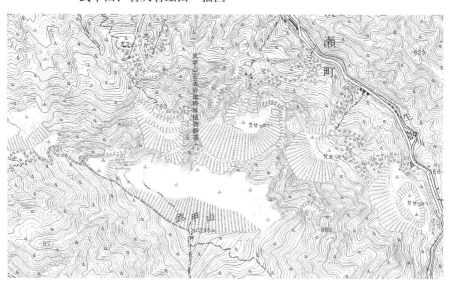

地図45：2万5千分の1地形図「王在家」昭和56年修正測量（0.9倍に縮小）
日鉄鉱業鳥形山鉱業所、石灰石鉱山　描図

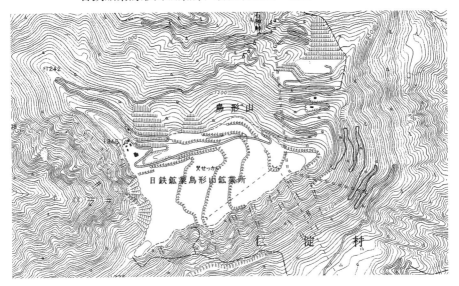

地図46：2万5千分の1地形図「田川」平成4年修正測量　（0.9倍に縮小）
「金田」平成7年修正測量
香春岳一ノ岳、石灰石鉱山　描図

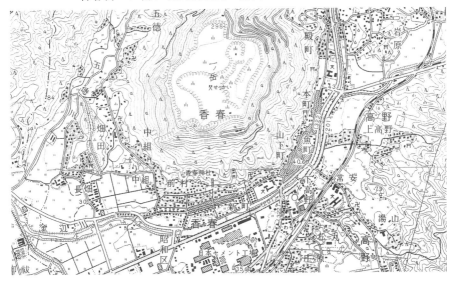

写真 99：千畳敷カール① （長野県駒ケ根市）〈駒ヶ岳ロープウェイ終点千畳敷駅、
　　　　目の前が中央アルプス［木曽山脈］の宝剣岳〉

写真 100：千畳敷カール② （長野県駒ケ根市）
　　　　　〈駒ヶ岳の手前にある氷河地形のカール〉

写真 101：秋芳洞（山口県美祢市）
　　　　〈日本三大カルストの秋吉台にある秋芳洞、黄金柱〉

写真 102：龍河洞（高知県香美市）
　　　　〈日本三大鍾乳洞の一つ、四国高知を代表する鍾乳洞〉

写真103：昇竜洞①（鹿児島県知名町）〈沖永良部島にある鍾乳洞〉

写真104：昇竜洞②（鹿児島県知名町）〈数々の映画やドラマの舞台に登場した〉

写真 105：星野洞（沖縄県南大東村）〈南大東島の鍾乳洞〉

写真 106：小大下島石灰石鉱山（愛媛県今治市）
　　　　〈石灰石の島で、かつて石灰石を採掘した〉

写真 107：八戸石灰石鉱山①（青森県八戸市）
〈台地上から掘り進み、現在は標高０ｍ以下で採掘〉

写真 108：八戸石灰石鉱山②（青森県八戸市）
〈展望台が設置され、石灰石採掘場を一望できる〉

写真 109：武甲山石灰石鉱山（埼玉県秩父市・横瀬町）
　　　　　〈石灰石の山で、石灰石採掘により、山肌が大きく削られている〉

写真 110：青海石灰石鉱山（新潟県糸魚川市）
　　　　　〈糸魚川の西にあり、北陸新幹線車窓から、一瞬、見ることができる〉

写真 111：伊佐石灰石鉱山（山口県美祢市）
　　　　〈宇部市交通局の産業観光ツアーで見学することができる〉

写真 112：鳥形山石灰石鉱山（高知県仁淀川町）
　　　　〈山の山頂付近で石灰石を採掘、山頂が平坦となっている〉

写真 113：香春岳石灰石鉱山（福岡県香春町）〈香春岳一ノ岳で古くから石灰石
　　　　　を採掘、年々、高度が減少、山頂が平坦となっている〉

写真 114：津久見石灰石鉱山（大分県津久見市）
　　　　　〈津久見は石灰石とセメント工業の町〉

【10】 ケッペンの気候区分と日本の気候

（1） 大気の大循環と風系①：恒常風と降水量

　太陽エネルギーは、赤道付近が多く、極付近が少ない。この差異によって、緯度により気温・降水量・風系の差異が発生します。風系では、恒常風が発生します。恒常風は、同一緯度付近で、年中吹く風を指します。

　すなわち、太陽エネルギーで赤道付近は暖められ、赤道において上昇気流が発生、上昇気流によって気圧が低下し、赤道低圧帯となります。この赤道低圧帯では、気圧が低いため、雲が集まり、雨が多くなります。

　一方、赤道付近で上昇した気流は、上空に移動して冷やされ、中緯度付近で下降気流となって、地上に降りてくる。この中緯度においては、下降気流の発生で気圧が上昇し、中緯度高圧帯となる。この中緯度高圧帯では、気圧が高いため、雲が来ず、晴天が続き、雨が極めて少なくなります。

（2） 大気の大循環と風系②：貿易風（偏東風）

　貿易風（偏東風）は、高圧帯から低圧帯に吹く恒常風です。すなわち中緯度高圧帯から赤道低圧帯に吹く風で、さらに、地球の自転の影響で東風となり、偏東風となります。

　かつての帆船を使用した大航海時代に、貿易に利用されたことから、貿易風と呼ばれました。風向きは、北半球で北東、南半球で南東となり、帆船時代に西方へ行くのに利用されました、また、北半球では南方へ、南半球では北方へ行くのに利用、緯度では、高緯度から低緯度、赤道方面へ行くのに便利となります。

（3） 大気の大循環と風系③：偏西風

　偏西風は、高圧帯から低圧帯に吹く恒常風です。すなわち、中緯度高圧帯から高緯度低圧帯に吹く風です。この風は西風で、偏西風ですが、貿易風（偏東風）ほどは強くはなく、季節によって異なる風が吹くことがあります。また、高緯度低圧帯は赤道低圧帯ほど低圧ではなく、雲が常に集まるとは限らず、雨の降り方は適度となります。

　高緯度低圧帯では、偏西風が吹き、雨は適度であるとともに、緯度から気温も適度です。偏西風が吹くため、西に大洋がある大陸の西岸では海洋の影響を受け、陸上での夏冬の温度変化を緩和してくれることとなり、年較差が小さい気候となります。

（4）大気の大循環と風系④：ジェット気流（ジェットストリーム）

　偏西風の中で、特に強いその上空の流れの軸を、ジェット気流（ジェットストリーム）と呼びます。

　プロペラ機の時代にあっては、推進力の弱さから、偏西風の上空に位置するジェット気流に乗ることには危険性がありました。しかし、ジェット機の時代となっては、推進力が向上、海外への長距離飛行ではジェット気流を利用することとなります。特に、西に行くのに比べて、東に行くジェット機が早く着くのは、ジェット気流（ジェットストリーム）の効果です。目的地に早く到達できるようになったのは、ジェット機によるスピードアップとともに、ジェット気流（ジェットストリーム）に乗れることとなった恩恵です。飛ぶ高度も、その利用のため、対流圏上層で、高度8〜13km付近の高高度となりました。勿論、反対方向へ行く場合は、このジェット気流（ジェットストリーム）を避けるルートを選択します。

（5）大気の大循環と風系⑤：コロンブスの航海

　コロンブスの航海が成功した要因は、風にあります。彼の以前から、ヨーロッパから東へ行くよりは、大西洋を西へ行ったほうが、短くアジア（インド）に到達するという考えはありました。しかし、帆船時代では、偏西風で押し返されていたのです。

　そこで彼は、すぐに西へ行かず、まず南下、アフリカ沖で偏東風（貿易風）に乗り、「インド」（ただし新大陸）に到達しました。帰ってから、その成功の要因を披露しました。ところが評価されなかったのです。そこで登場する有名な逸話が、「コロンブスの卵」です。その逸話の内容・意味を探ってみることも、風系の理解に役立つでしょう。

（6）気候要素と気候因子

　気候要素とは、気候を構成するもので、気温・降水量・風系が三大要素です。他に湿度・日照など、気候の説明に使用するとともに、その場所の特性・快適性を判断するときに使用します。例えば「風水」は、本来、名前のとおり、風系と降水量を重視した、科学的診断です。

　気候因子とは、気候要素に変化を及ぼす要因で、緯度・標高（高度）・海流・地形・水陸分布などがあり、特に、前述の大気の大循環と風系で示したように、緯度が重要で、気温・降水量・風系の基本が決定されます。

（7）気温とその因子①：平均気温と気温較差の種類

　平均気温には、1日の一定時間毎の観測値の平均である日平均気温、1月（ひとつき）の各日平均気温の平均である月平均気温、1年の各月平均気温の平均である年平均気温の3種類があります。特に、月平均気温の最も高い月の最暖月平均気温と、最も寒い月の最寒月平均気温に、注目します。

　気温の較差には、1日の最高気温と最低気温の差である日較差、最暖月平均気温と最寒月平均気温の差である年較差があり、年較差は1年の最高気温と最低気温の差ではないことに、注意が必要です。

（8）気温とその因子②：緯度・高度と気温較差の因子

　気温の因子には、まず緯度があり、緯度から気温を見ると、低緯度で高温、高緯度で低温となり、高度では、海抜高度が高くなるにつれて気温が低下します。

　気温の較差では、大陸の海岸部と内陸部の差異があり、海岸部では海の影響を受けて気温が緩和されて、気温の較差が小さくなり、内陸部では海の影響がないために気温が緩和されず、気温の較差が大きくなります。また、大陸の西岸部と東岸部の差異があり、偏西風が吹く西岸部では、海の影響を強く受けて気温がよく緩和されて、気温の較差が小さく、偏西風が吹く東岸部では大陸の影響を強く受けて気温が緩和されず、気温の較差が大きくなります。さらに、大陸の海岸部における海流の影響では、沖合を暖流が流れていますと、緯度の割に、気温が高くなり、沖合を寒流が流れ

ていると、緯度の割に、気温が低くなります。

（9）降水量とその因子：緯度と降水量差異の因子

　年降水量では、１年間の降水量とともに、蒸発量にも注目します。特に、月降水量では、最多月降水量と最少月降水量に注目します。

　降水量の因子には、まず、緯度があり、低緯度が多雨、高緯度が少雨となりますが、一方的に減少するのではなく、中緯度高圧帯で、一旦、過少となります。ついで、大陸の海岸部と内陸部の差異があり、隔海度が大きく関係して、海から雲が多く来る海岸部が多雨、少ない内陸部が少雨となります。さらに、風上と風下の差異があり、山脈の風上で、雲を伴った風が山脈にぶつかって多雨となり、山脈の風下で、乾いた風が山脈を越えてきて少雨となります。ヒマラヤ山脈により、アッサム地方が多雨となり、アンデス山脈により、パタゴニアが少雨となるのが、その事例です。

（10）風とその因子①：季節風（モンスーン）

　風の因子には、まず、緯度があり、中緯度高圧帯から赤道低圧帯へ貿易風、中緯度高圧帯から高緯度低圧帯へ偏西風と、恒常風が吹きます。

　ついで、海洋と大陸での気圧配置の差異があり、例えば太平洋とアジア大陸などでみられ、季節による気圧配置の差異から発生するのが、季節風（モンスーン）です。その季節風が吹く気候の代表例は、熱帯モンスーン気候（Ａｍ気候）で、季節の気圧配置の差異で季節風が吹き、弱い乾季が発生、熱帯雨林気候と区別されます。また、温暖湿潤気候（Ｃｆａ気候）は、温帯モンスーン気候とも称され、季節風が吹くことによって、夏は高温、冬は低温となる、年較差が大きい気候です。

（11）風とその因子②：熱帯性低気圧

　風の因子には、海水温の上昇による上昇気流の発生があり、それによって、熱帯で熱帯性低気圧が発生、貿易風（偏東風）で西に、偏西風で東に移動するため、熱帯地域のみならず温帯地域にも被害をもたらします。

　台風は、東アジア方面を襲い、風水思想を誕生させ、元寇（弘安の役）の

「神風」とされる要因ともなりました。サイクロンは、インド洋沿岸地域方面を襲い、低湿地、特にバングラディシュ（パキスタンから独立）に被害が多いのです。ハリケーンは、大西洋のカリブ海沿岸地域方面を襲い、この海域は三角波が発生しやすく、海賊の出現と相まって、「魔の海域」とされ、かつて海難事故が頻発、沈没船が多い海域でもあります。

(12) ケッペンの気候区分の特色：植物分布と気候区記号

　ケッペン（ドイツ人）が区分した、世界の気候区分は、最も用いられ、優れた気候区分として有名です。

　特色は、植物分布に着目して区分したため、自然景観と一致して極めてわかりやすく、また、作物栽培の農業区分と類似しています。アルファベットの記号で、気候区分を示したため、言葉の壁を越えて、世界共通で使用できます。特に、「赤道⇒A⇒B⇒C⇒D⇒E⇒極」となるように、各気候の気候区記号を定め、わかりやすいのも特色です。

(13) ケッペンの気候区分方法①：樹木気候と無樹木気候

　樹木気候と無樹木気候というように、植物でも樹木に注目、樹木気候（熱帯・温帯・冷帯）と無樹木気候（乾燥帯・寒帯）に、まず、大きく区分しました。これは植物でも樹木の有無は、自然景観に大きな違いを生みだすとともに、人間の生活にも、大きな違いを生むこととなるからです。

　すなわち、樹木があれば木材で家を建てることができ、木材を燃料として利用でき、居住に適することとなります。実際、乾燥帯は乾燥で無樹木であり、寒帯は低温で無樹木であり、比較的人口は少なく、人口密度は低くなります。気候が人間生活に与える影響を考慮しているともいえます。

(14) ケッペンの気候区分方法②：植生と最寒月平均気温

　ついで、最寒月平均気温で、樹木気候を、熱帯・温帯・冷帯の３つに区分しました。樹木がある気候でも、植生の違いに大きく影響する、最寒月平均気温の「18℃」と「－3℃」に着目しました。熱帯は、熱帯性の植物が生育するのが最寒月平均気温18℃以上、温帯は、温帯性の植物が生育

するのが最寒月平均気温18℃〜−3℃、冷帯は、冷帯性の植物が生育するのが最寒月平均気温−3℃未満というところからです。

　降水の季節型（乾季の有無、その季節）で、さらに、熱帯・温帯・冷帯の中の気候を区分しました。年中雨が降るか、乾季がある場合、夏か冬か、それで、植生が大きく変わり、人間生活に大きく影響するからです。

（15）ケッペンの気候区分方法③：熱帯・温帯気候

　熱帯気候（記号はAで、A気候とした）の区分は、年中多雨（乾季がない）であれば熱帯雨林気候（Ａｆ気候）、中間型（弱い乾季）であれば熱帯モンスーン気候（Ａm気候）、冬季乾燥（冬に乾季）であれば熱帯サバナ気候（Ａw気候）と、3つの区分です。

　温帯気候（記号はCで、C気候とした）の区分は、年中多雨、さらに最暖月平均気温22℃で区分、22℃以上（年較差大）であれば温暖湿潤気候（Ｃｆａ気候）、22℃未満（年較差少）であれば西岸海洋性気候（Ｃｆｂ気候）、さらに冬季乾燥（冬に少雨）であれば温帯夏雨気候（Ｃw気候）、夏季乾燥（夏に少雨）であれば地中海性気候（Ｃs気候）と、4つの区分です。

（16）ケッペンの気候区分方法④：冷帯・寒帯・乾燥帯・高山気候

　冷帯気候（記号はDで、D気候とした）の区分は、年中多雨（乾季がない）であれば冷帯湿潤気候（Ｄｆ気候）、冬季乾燥（冬季に少雨）であれば冷帯夏雨気候（Ｄw気候）と、2つの区分です。

　寒帯気候（記号はEで、E気候とした）の区分は、最暖月平均気温10〜0℃であればツンドラ気候（ＥＴ気候）、最暖月平均気温0℃未満であれば氷雪気候（ＥＦ気候）と、2つの区分です。

　乾燥帯気候（記号はBで、B気候とした）の区分は、ほとんど降雨がなければ砂漠気候（ＢＷ気候）、わずかながら降雨があるならばステップ気候（ＢＳ気候）と、2つの区分です。

　高山気候（記号はHで、H気候とした）は、一つのみです。

（17）ケッペンの気候区分：各気候の特色と分布

　熱帯気候は、気温高・降水量多で、赤道を中心に分布、南アメリカ・アフリカ・東南アジアがその赤道通過地域です。

　乾燥帯気候は、気温高・降水量少で、蒸発量多・無樹木、中緯度高圧帯・大陸の内陸に分布、砂漠・ステップとなります。

　温帯気候は、気温適度・降水量適度で、季節変化があり、中〜高緯度の大陸東岸・西岸に分布します。

　冷帯気候は、気温低、降水量少なくても蒸発量少ない気候で、北半球の高緯度、大陸の内陸中心に分布します。

　寒帯気候は、気温低で無樹木、北極・南極中心に分布します。

　高山気候は、気温年較差少・高度により気温が適度になり、新期造山帯の高山地帯に分布します。

（18）世界の気候とその影響：古代から中世、大航海時代へ

　古代文明発祥地は、乾燥帯気候の外来河川流域（エジプト・メソポタミア・インダス・黄河）です。肥沃な土壌と豊富な水が、農業を繁栄させ、文化・文明を誕生させました。

　ギリシャ文明・ローマ帝国の地は、地中海性気候（乾燥気候に隣接する温帯気候）地域です。肥沃な土壌と冬季温暖で降水があって、農業が繁栄、文化・文明を発展させました。

　中世ヨーロッパで繁栄の地は、西岸海洋性気候（人間にとって最も快適な気候）地域です。しかし、農業に工夫が必要で、二圃式農業・三圃式農業から輪作、混合農業へ発展させ、熱帯の産物を獲得するために、大航海時代（地理上の発見）として、ポルトガル・スペイン・オランダ・イギリスが植民地の獲得に向かいました。

（19）日本の気候区分：各気候の特色と分布

　日本の気候は、ケッペンの気候区分では、北海道が冷帯気候、本州・四国・九州・南西諸島が温帯気候です。さらに、日本国内は、年間降水量および降水季節によって、次の4つ区分されます。

太平洋岸気候は、降水が多く、夏季中心の降水で、北海道・本州・四国・九州の太平洋側、奄美・沖縄の各地域です。

日本海側気候は、降水が多く、冬季中心の降水で、北海道・本州の日本海側（西東北・北陸・山陰）の各地域です。

瀬戸内海式気候は、降水が少なく、晴天が多く、近畿・中国・四国・九州の瀬戸内海側の各地域です。

中央高地式気候は、降水が少なく、寒冷で積雪もあり、北関東（栃木・群馬）・甲信（山梨・長野）・岐阜の各地域です。

(20) 日本の積雪地域と寒冷地域

日本の気候を大きく二分すると、「積雪地域・寒冷地域」と「非積雪地域・非寒冷地域」に区分されます。

「積雪地域・寒冷地域」は、北海道・東北・甲信越・北陸・山陰、北関東の栃木・群馬の一部、東海の岐阜の一部、北近畿の滋賀・京都・兵庫の一部、山口の一部です。

「非積雪地域・非寒冷地域」は、南関東・東海・近畿・山陽・四国・九州・奄美・沖縄です。南関東から東海・近畿・山陽・四国・北九州へは、人口・大都市・工業が集積する太平洋ベルト地帯となっています。

(21) 日本の南北と甲子園野球

夏の全国高校野球選手権大会で、全国制覇の経験がない都道府県を見てみると、東北全県（青森・岩手・秋田・山形・宮城・福島）、北陸全県（新潟・富山・石川・福井）、山陰全県（鳥取・島根）で、積雪地域となっています。

勿論、積雪地域以外に、山梨・滋賀の内陸県、長崎・熊本・宮崎・鹿児島の西南九州などがあり、積雪地域以外の県の理由も、考えてみたい。

(22) 日本の新幹線と積雪：気候対策の重要性

1964 年に、東海道新幹線の東京〜新大阪が開通しました。途中の関ヶ原は、積雪が多い唯一の区間で、当初は、冬季に延着や運休が続出しました。対策として、スプリンクラー設置・車体の改良があり、名古屋駅で車

体付着の雪を取り除くことが行われています。現在も、徐行運転や遅れの発生はありますが、その場合、米原駅で長距離優先に運行されています。

1982年に上越・東北新幹線開通、それ以後、本格的積雪地域に、新幹線が開通（九州新幹線除く）、1992年に山形、1997年に秋田、1997年に長野、2015年に北陸、2016年に北海道と、各新幹線が開通、いずれも積雪対策が行われており、新幹線開通は地域振興に大いに役立っています。

（23）日本の水稲（米）栽培

2019年における、水稲（米）収穫量を見ると、第一位は新潟県、第二位は北海道、第三位は秋田県で、いずれも、日本の積雪地域・寒冷地域です。それでは、水稲（米）栽培に「向いている」のかというと、水稲（米）は熱帯原産、これらの地域は「限界地域」で、他の地域での水稲栽培が減少したことにより、相対的に順位が上位となったのです。

ちなみに、1993年は夏の低温による冷害で、全国的に不作となり、特に東北地方は半減、青森県は4分の1に、下北地区は0になりました。1991年フィリピンのピナトゥボ火山噴火によるとされます。このように、日本の水稲（米）は「限界地域」での栽培であることに注目したい。

「まとめ」：
　気候要素と気候因子には、何があるか。
　ケッペンの気候区分の特色は、何か。
　日本の気候区分方法の指標には、大きく何があるか。

「考察」：
　コロンブスの航海成功の要因は、何か。
　世界の気候が歴史に与えた影響には、何があるか。
　日本の積雪が地域に与えた影響には、何があるか。

【11】 熱帯気候地域

（1） 熱帯気候地域

　熱帯気候は、樹木気候で、最寒月平均気温が 18℃ 以上のため、熱帯性植物が生育する。熱帯気候（気候区記号はAで、A気候とした）の区分は、年中多雨（乾季がない）の熱帯雨林気候（Ａｆ気候）、中間型（弱い乾季）の熱帯モンスーン気候（Ａm気候）、冬季乾燥（冬に乾季）の熱帯サバナ気候（Ａw気候）、以上の３つに区分されます。

　なお、冬季とは、気温の低い時期で、その時に乾燥するということです。熱帯サバナ気候は、南半球にも分布、北半球と季節が「逆」であることに注意が必要となる。すなわち、南半球では、８月は「冬」で、12月は「夏」となり、真夏にクリスマスと、新年を迎えることとなります。

（2） 熱帯雨林気候地域（Ａｆ気候）①：特徴と農業

　熱帯雨林気候は、最寒月平均気温 18℃ 以上・年中多雨・乾季がない気候です。気温は年較差小、年間を通じて高温、季節感がなく、また、日較差大、日中高温となり、昼夜の差が大きい。降雨は、ほぼ毎日で、スコールの雨（短時間降雨）となる。土壌は、赤色のラトソルで、土壌の鉄分が多雨で酸化、赤くなる。多雨で栄養分が流され、やせている（肥沃でない）、したがって農業に比較的向いていない。植生は、熱帯雨林で、多種類の常緑広葉樹からなる密林（ジャングル）であり、過去、多種類から林業に不向きだった。生活課題は、高温多湿のため風土病対策が必要となることです。

（3） 熱帯雨林気候地域（Ａｆ気候）②：分布と代表的都市

　熱帯雨林気候の分布は、アジアでは、マレー半島から東南アジアの島々、マレーシア・インドネシア・スリランカで、アフリカでは、ザイール（コンゴ）川流域（コンゴ・ガボン）・マダガスカル島東岸で、アメリカでは、アマゾン川流域（ブラジル・セルバ）です。

　代表的都市は、アジアでは、シンガポール（シンガポール）、ジャカルタ（インドネシア）、コロンボ（スリランカ）、アフリカでは、キサンガニ（コン

ゴ民主共和国）、アメリカでは、マナオス（ブラジル）です。

（4）熱帯モンスーン気候地域（Ａm気候）①：特徴と農業

　熱帯モンスーン気候は、最寒月平均気温18℃以上・多雨ですが、弱い乾季があります。気温は、年較差小、年間を通じて高温、季節感がなく、また、日較差大、日中高温となり、昼夜の差が大きいのは、熱帯雨林気候と同様です。降雨は、乾季があるものの、短く、ＡｆとＡw気候の中間タイプとなる。モンスーン（季節風）の影響で、雨季の降水量が多くなります。農業は、アジアではアジア式稲作農業や、サトウキビ・バナナ・コーヒー豆栽培のプランテーション農業が発達しています。熱帯モンスーン気候の分布は、熱帯雨林気候（Ａｆ気候）の周囲です。

（5）熱帯モンスーン気候地域（Ａm気候）②：分布と代表的都市

　熱帯モンスーン気候の分布は、アジアではインドシナ半島西岸（ミャンマー南部）、インド半島西岸・フィリピン北西部で、アフリカでは、ギニア湾沿岸地域、アメリカではギアナ高地の北東斜面（ブラジル北東部からベネズエラ東部海岸）です。

　代表的都市は、アジアでは、イロイロ（フィリピン）、アフリカでは、ポートハーコート（ナイジェリア）・フリータウン（シエラレオネ）、アメリカでは、マイアミ（アメリカ合衆国）です。

（6）熱帯サバナ気候地域（Ａw気候）①：特徴と農業

　熱帯サバナ気候は、最寒月平均気温18℃以上・多雨ですが、明瞭な乾季があるのが特徴です。降雨は、雨季と乾季に明瞭な差があり、植生は、乾季によって、密林とはならず、疎林と草原となります。気候名は、アフリカの熱帯草原サバナから名付けられました。農業は、成長期に雨、収穫期に乾燥が必要な作物の栽培に向いており、プランテーション作物が該当、したがって、プランテーション農業が盛んとなる。土壌は、インドのデカン高原に分布するレグール土が綿花栽培に最適で、ブラジルのブラジル高原に分布するテラロッシャがコーヒー豆栽培に最適となっています。

（7）熱帯サバナ気候地域（Ａｗ気候）②：分布と代表的都市

　熱帯サバナ気候の分布は、アジアでは、インド及びインドシナ半島の大部分で、アフリカでは、ギニア湾沿岸地帯、スーダンからモザンビークにかけての一帯で、アメリカでは、西インド諸島・リャノ（オリノコ川流域）・カンポ（ブラジル高原）で、オセアニアでは、オーストラリア北部です。

　代表的都市は、アジアでは、ホーチミン（ベトナム）、バンコク（タイ）、コルカタ・マドラス（インド）で、アフリカでは、ダルエスサラーム（タンザニア）・モンバサ（ケニア）で、アメリカでは、ハバナ（キューバ）・メリダ（ベネズエラ）・クヤバ（ブラジル）で、オセアニアでは、ダーウィン（オーストラリア）です。

（8）熱帯気候地域の農業①：焼畑農業とアジア式稲作農業

　熱帯気候地域の伝統的農業としては、まず、焼畑農業があり、熱帯雨林気候地域を中心に、熱帯気候地域のやせた土地で行われる。略奪式の農業方法で、樹木を燃やした樹木灰をやせた土地の肥料とする。したがって、焼畑農業は、同じ土地で続けられず、密林火災の原因にもなっています。

　ついで、アジア式稲作農業があり、熱帯モンスーン気候から温帯気候にかけて、降水量が多い地域で行われる米作で、米の人口支持力が高いため、人口密度が高くなる。すなわち、稲作（米作）は熱帯に適する農業で、多くの人々を養え、人口が増加、人口密度が高くなります。しかし、人口支持力には限界があり、農業だけでは発展途上国にとどまることが多い。

（9）熱帯気候地域の農業②：企業的放牧とプランテーション農業

　熱帯気候地域の企業的農業としては、まず、企業的放牧があり、熱帯（温帯でも）気候地域での肉牛（牛肉生産）飼育で、大規模経営のため、大量で安価となり、輸出目的で行われます。南アメリカ・オーストラリアの熱帯（温帯でも）で見られ、ブラジルは、熱帯林を伐採して牧場としますが、それは熱帯林の喪失にもつながっています。

　ついで、プランテーション農業があり、熱帯（一部、温帯）での特産品（一次産品）生産で、大規模経営のため、大量で安価となり、輸出目的で行

われます。プランテーション農業は、欧米の植民地時代に、主に先進国向けに嗜好作物等を栽培したのが起源です。価格は欧米の消費地で決定され、栽培地の利益は少なく、発展途上国が、経済的低迷から抜けきれない理由となっています。

（10）熱帯気候地域の農業③：プランテーション作物

プランテーション作物としては、コーヒー豆が代表的で、他に茶・カカオ豆・葉タバコ・バナナ・油やし・ココやし・ジュート・サイザル麻などがあります。2018年において、茶はアジアが世界の85％、カカオ豆はアフリカが67％、葉タバコはアジアが68％、バナナはアジアが54％と、アジア・アフリカの熱帯での栽培・生産が多いのが特徴となっています。

コーヒー豆の生産は、2018年において、南アメリカで45％、アジアで31％、かつては、南アメリカでの生産が多く、価格高騰もありましたが、近年はアジアでの生産が急増、2018年の生産は、世界第1位ブラジル、第2位ベトナム、第3位インドネシア、第4位コロンビアとなっています。なお日本国内でも、南西諸島で、コーヒー豆の栽培・生産が行われています。

（11）熱帯気候地域の林業：有用樹と木材加工業

熱帯気候地域においては、樹木の種類が極めて多いため、同一種類の樹木がまとまらないとともに、木々が密集した密林となっており、従来は、樹木気候地域の中で、林業には適さない気候地域でした。また、熱帯気候地域の樹木の多くは堅く、加工が難しいという問題がありましたが、技術の進歩で利用が活発化しています。有用樹とその利用としては、マホガニー（カリブ海）が西洋高級家具に、紫檀・黒檀（アジア）が東洋高級家具に、チーク（東南アジア）が船舶材・家具材に、ラワン（フィリピン）が合板材・家具材に、以前からよく利用されていました。

かつては、丸太で輸出していましたが、熱帯林が減少、産出国での丸太の輸出制限により、現地で合板（ベニア板）や家具に加工する木材加工業が発達しています。他の気候の樹木より安価であるため、それを活用して家具の生産を行い、急成長した日本の家具メーカーの話は有名です。

(12) 熱帯気候地域の水産業：水産養殖業

　熱帯気候地域においては、その海での魚種が極めて多く、同一種類の魚をまとまって入手することが困難であるため、輸出に向きませんでした。従来から自家消費や地元消費が中心で、近年は、人口増加で魚需要が増大しています。また、養殖技術の進歩により、東南アジア方面で輸出が増加しましたが、現在でも、養殖以外の魚は、現地消費が中心となっています。

　この地域では、エビを代表例として、水産養殖業が急速に発達、熱帯気候地域の東南アジアから、温帯気候地域の東アジア、特に日本や中国に輸出され、寿司ネタやエビフライとなり、特に、回転ずしなどの外食産業を支えています。しかし、貴重なマングローブ地帯を養殖場に転換した場所などがあり、環境破壊につながる懸念もあります。

(13) 熱帯気候地域の地形：安定陸塊と新期造山帯

　熱帯気候地域においては、大地形として、古期造山帯がなく、そのため良質の石炭が出ないこととなります。すなわち、アジアには、安定陸塊と新期造山帯、アフリカには安定陸塊、アフリカ大地溝帯、アメリカは、安定陸塊と新期造山帯というように、熱帯気候地域には古期造山帯がないのです。小地形では、氷河地形と乾燥地形がなく、サンゴ礁地形があります。

　地形と気候の関係では、平地（低地）の麓は、熱帯気候地域では気温が高いわけですが、そこに新期造山帯の山地・高地・高山・高原があれば気温が低下、後述する高山気候が出現、人間にとって、適度な気温となるため、そこに居住することとなり、高地・高山・高原都市が発達しました。特に中南アメリカが顕著で、メキシコ高原にマヤ文明・アステカ文明、アンデス山中のペルーなどにインカ文明が誕生しました。

(14) 熱帯気候地域の鉱業①：ボーキサイト

　熱帯気候地域においては、熱帯雨林地域などで密林が広がり、鉱産資源探査が困難でしたが、開発が進んで鉱産資源が発見され、現在では、アフリカ大陸を代表例として、重要な鉱業地域となっています。

　ボーキサイトは、熱帯気候地域で産出する代表的資源で、赤道を中心に

低緯度地域で多く産出、アルミナを経て、軽金属のアルミニウムの原料になります。オーストラリア・ギニア・ブラジル・インド・ジャマイカ・インドネシアなどの熱帯気候地域が、その産出地となっています。2017年における産出量は、第1位オーストラリア、第3位ギニア、第4位ブラジル、第5位インド、第6位ジャマイカ、第10位インドネシアです。また、インド・オーストラリア・ブラジルなどでは、アルミニウム工業も立地、アルミニウムが生産されています。

(15) 熱帯気候地域の鉱業②：鉄鉱石・石油・石炭

　熱帯気候地域において、鉄鉱石は、安定陸塊地域のブラジル・リベリア・インドで、石油は、新期造山帯地域を中心にインドネシア・ナイジェリア・メキシコ・ベネズエラ・ブラジルで、銅・ダイヤモンドは、安定陸塊地域のコンゴ民主共和国で産出と、重要な鉱業地域となっています。

　石炭は、古期造山帯地域がないため、良質の石炭採掘はないのですが、技術の進歩で大規模な露天掘り採掘が可能となり、熱帯気候地域の新期造山帯地域において露天掘りで石炭採掘が行われるようになりました。比較的低質ながら、大量で安価で産出できることが利点です。代表事例としては、1990年代よりインドネシアでは、大規模な露天掘り採掘が行われ、輸出されています。インドネシアの産出量は世界第3位・輸出は世界第1位（2017年）となっています。

(16) 熱帯気候地域の工業：有利な労働条件と熱帯林の活用

　熱帯気候地域において、工業の立地条件としては、労働条件が有利（大量安価な労働力）となっています。すなわち、熱帯気候地域は人口が多く、発展途上国が多いということがあります。綿花などの原料を活用した繊維工業がまず成立、また、部品を輸入、製品組み立ての電気機械工業が成立と、これらがこの地域の従来型工業の中心でした。

　熱帯林の活用が、新たな森林資源として注目され、木材などの原料を活用した家具製造業が発達、自給的農業を商業的農業にと、原料用に野菜栽培・鶏肉飼育が行われ、野菜・鶏肉などを加工原料に、輸出用冷凍食品製

造が発達、人件費と原料費が安く、機械化を行い、現在は利益が出ています。しかし、熱帯気候地域では、気温が高いため、輸出用冷凍食品製造に多額の電気代が必要となり、人件費・原料費・燃料費が今後において高騰するかもしれないということが、将来の課題となっています。

（17）熱帯気候地域の観光：南の楽園とテーマパーク

　熱帯気候地域は、「南の楽園」（北半球において）の魅力あるイメージがあり、特に、サンゴ礁地形に代表される観光資源があると、自然観光の海洋リゾート地として、人気となっています。近年は、熱帯林観光などのエコツーリズムが注目されています。かつては、現地まで船舶で長時間を要したため、限られた人々による、限られた観光でした。しかし、航空交通の急速な発達によって、熱帯気候地域の観光が飛躍的に発展しました。

　自然観光と対照的なテーマパークに代表される人工施設型観光は、施設の価値低下を防ぐために維持管理が重要となります。熱帯の高温多雨は施設の劣化が著しく進むこととなり、その補修費用といった、多額の経費が難点となっているため、乾燥気候地域や温帯気候地域と比べて、比較的少ない状況となっています。

（18）熱帯気候地域の交通①：高温多雨と中古車両

　熱帯気候地域の高温多雨は、交通施設の急速な劣化につながり、道路・鉄道施設・港湾施設・空港施設はもちろん、自動車・鉄道車両・船舶・飛行機に、短期間で急速な劣化をもたらすこととなります。この地域で、中古車両がよく用いられるのは、発展途上国向けとして安価というだけでなく、劣化が早いということも大きくかかわっています。新製で購入しても、すぐに劣化して、急速に価値が低下してしまうわけです。

　そこで、よく使用されるのが、日本の中古車両です。鉄道車両は、非電化区間が多いためディーゼルカーが使用されます。ディーゼルカーが使用されるのは、非電化区間が多いこととともに、ディーゼル機関車ですと重量があるため、線路状態が悪い路線では使用できず、その使用例は少なくなります。電車はさびにくいステンレス車両が、自動車は入手しやすく

手軽なマイクロバスが人気となっています。中古船舶も客室を増設して離島航路に使用されることがあり、飛行機も日本で引退した機種が見られ、ローカル線やＬＣＣなどで使用されています。

（19）熱帯気候地域の交通②：熱帯性低気圧と交通

　熱帯気候地域では、気象の急変が顕著に発生します。すなわち、熱帯性低気圧の発生・襲来などがあり、交通機関は、運休など、大きな影響を受けます。産業活動、日常生活、観光にも、勿論、影響を与えます。また、赤道低圧帯であるため、上昇気流が発生、スコールによる降雨で見通しが急に悪くなるなど、日常的に、障害となる気象急変、それによる交通障害が発生します。

　局地的に気象状況が異なるため、正確な情報が必要となりますが、先進国のように精密な気象予報が難しく、飛行機や船舶の事故が発生することもあります。陸上交通でも、道路に洪水や土砂災害の影響があり、長期間交通が不通になる場合があるので、現地を旅行する場合、十分に余裕をもった日程とするなど、注意が必要となります。

（20）熱帯気候地域の宗教①：ヒンドゥー教

　ヒンドゥー教は、紀元前5世紀に、バラモン教から成立しました。バラモン教は紀元前13世紀に成立、中央アジアからインドに入ったアーリア人が自然神を崇拝、「ヴェーダ」を聖典とし、カースト制の起源となるヴァルナ制を用いました。ウパニシャッド哲学と民間信仰を吸収して、ヒンドゥー教となりました。

　熱帯気候地域である東南アジア・南アジアは、肥沃な農業地域で、早くに人口が急増、人口密度が高いため、作物栽培に集中して人口増加に対応することとなり、そこからヒンドゥー教の教えにあるように、牛肉食が禁じられましたが、牛乳の活用は可能となっています。カースト制は、人口が多く、人口密度が高いため、早くにワークシェアが必要となったことによると考えられます。勿論、今日では問題があり、インドではカースト制による差別が禁止されています。カースト制は新たな職業には及ばないた

め、ＩＴ産業が発達する一因になったと指摘されます。インドネシア・マレーシアでは、ヒンドゥー教の王朝時代がありましたが、13世紀からイスラームが広まりました。その中で、インドネシアのバリ島はイスラーム化せず、ヒンドゥー教のままで継続しています。インドネシアは、アジアで、中国・インドに次いで人口が多い国であり、そのため、世界で最もイスラーム人口が多い国として知られています。

（21）熱帯気候地域の宗教②：仏教

　仏教は、紀元前5世紀に成立、紀元0年頃に、上座仏教と大乗仏教に分かれました。

　熱帯気候地域である東南アジア・南アジアは、肥沃な農業地域で、早くに人口が急増、人口密度が高いため、家畜飼育では、特に牛は飼料が大量必要となるため、作物栽培に集中して人口増加に対応することとなり、そのため、当初の仏教の教えにあるように、殺生を禁ずる、すなわち牛を中心として、肉食を禁ずることとなったと考えられます。しかし、仏教の広域な伝播と、それぞれの国の経済発展に伴い、一部地域では肉食が広がることとなりました。熱帯気候地域において、上座仏教は、東南アジア（タイ・カンボジア・ミャンマー・ラオス）、南アジア（スリランカ）、大乗仏教は、東南アジア（ベトナム）で信仰されています。

（22）熱帯気候地域の熱帯林消失①：ブラジル

　ＢＲＩＣｓは、1990年代後半以降、高い経済成長を示す国々で、ブラジル・ロシア・インド・中国を指します。その中で、国土のほとんどが熱帯気候地域であるのが、ブラジルです。

　ブラジルは、2018年において、とうもろこし生産世界第3位・大豆生産世界第2位・オレンジ類の生産世界第2位・葉タバコの生産世界第2位・コーヒー豆生産世界第1位・さとうきび生産世界第1位・牛肉の生産世界第2位と、農業大国です。農場と牧場の拡大のため、熱帯林の伐採を行うアマゾン開発が行われ、熱帯林の大幅損失となり、その結果、干ばつが発生、乾燥化が進行しています。熱帯気候地域の土壌はやせているため、

植生の回復力は弱く、より一層、干ばつは頻繁となって、農業生産の停滞・減少となり、特に零細農家に大きな影響を与え、貧富の差が拡大しています。さらに、さとうきびを原料とするバイオエタノール原料の需要増大も、それに加わることとなっています。

(23) 熱帯気候地域の熱帯林消失②：東南アジア

　熱帯気候地域である東南アジアにおいても、熱帯林の消失が見られます。東南アジア（インドネシア・マレーシア・フィリピン）では、油やしから採取するパーム油、ココやしから採取するコプラの生産が従来から多く、用途は植物性油脂原料で、植物性アイスや石鹸・洗剤がその製品です。

　動物性を避け、植物性を摂取するという健康志向や、石油合成洗剤より「環境に優しい」と、植物性洗剤の需要が増大しています。その消費増大に対応するため、熱帯林を伐採してこれらの作物の畑を拡大させることとなり、その結果、「環境に優しくなく、環境破壊となっている」わけで、思考力を働かせて、消費者行動には、注意が必要となる典型的な例です。

「まとめ」：
　熱帯雨林気候地域の特色は、何か。
　熱帯モンスーン気候地域の特色は、何か。
　熱帯サバナ気候地域の特色は、何か。

「考察」：
　熱帯気候地域の林業・水産業が変化した要因は、何か。
　熱帯気候地域の工業が変化した要因は、何か。
　熱帯気候がこの地域の観光・交通に与える影響は、何か。

【12】乾燥帯気候地域

（1）乾燥帯気候

　乾燥帯気候は、無樹木気候で、降水量より蒸発量が多いため、植物の生育は限定的となります。乾燥気候（気候区記号はBで、B気候とした）の区分は、ほとんど雨が降らない砂漠気候（ＢＷ気候）と、わずかだが雨が降るステップ気候（ＢＳ気候）、以上の２つに区分されます。

　なお、乾燥帯気候は、北緯・南緯ともに30度付近の北回帰線・南回帰線を中心とした中緯度高圧帯に沿って多く分布します。それ以外に、ユーラシア大陸の内陸で北緯40度付近や、南アメリカ大陸のアンデス山脈の風下で南緯40度付近など、大陸の内陸や山脈の風下にも、出現します。すなわち、降水量が少なくなる要因（因子）にも注目することが、必要となります。

（2）砂漠気候地域（ＢＷ気候）①：特徴と農業

　砂漠気候は、ほとんど雨が降らない気候で、当然、降雨量より蒸発量が多くなります。気温は、年較差小、年間を通じて高温、季節感がなく、また、日較差大、日中高温となり、昼夜の差が大きい。降雨は、ほとんどないのですが、降雨時のみ河川となるワジがあります。土壌は、風による風化作用が盛んで、砂漠土などの土壌となり、植生はほとんどなく、オアシスや外来河川沿いに、ナツメヤシなどの作物が生育する程度となります。農業は、外来河川やオアシス、灌漑施設のカナート（イラン）・カレーズ（アフガニスタン）・フォガラ（北アフリカ）を利用して行われます。

　ナツメヤシはこの地の貴重な作物で、2018年における生産は、世界第1位エジプト、第2位サウジアラビア、第3位イラン、第4位アルジェリア、第5位イラク、第6位パキスタンで、アジアとアフリカの乾燥気候地域でほとんどが生産されています。

（3）砂漠気候地域（ＢＷ気候）②：分布

　砂漠気候の分布は、アジアでは、タクラマカン・ゴビ砂漠（東アジア）、

カラクーム砂漠（中央アジア）、ネフド・ルブアルハリ砂漠（西南アジア）、アフリカでは、サハラ砂漠（北アフリカ）、カラハリ砂漠（南アフリカ）、アメリカでは、グレートソルトレーク砂漠、モハーベ・ブラックロック砂漠（北アメリカ）、アタカマ・パタゴニア砂漠（南アメリカ）、オセアニアでは、グレートサンディー砂漠、グレートヴィクトリア砂漠（オーストラリア）です。

（4）砂漠気候地域（ＢＷ気候）③：代表的都市

　砂漠気候地域の代表的都市は、アジアでは、カシ（カシュガル）・ヤルカンド・ミーランなど、シルクロード上の都市（中国）、ダランザドガド（モンゴル）、リャド・メッカ・メディナ（サウジアラビア）、アフリカでは、カイロ・アスワン（エジプト）、トンブクツー（マリ）、アメリカでは、ラスベガス（アメリカ合衆国）、オセアニアでは、アリススプリングス（オーストラリア）です。

（5）ステップ気候地域（ＢＳ気候）①：特徴と農業

　ステップ気候は、わずかに雨が降る気候ですが、それでも、降雨量より蒸発量が多くなります。気温は、年較差小、年間を通じて高温、季節感がなく、また、日較差大、日中高温となり、昼夜の差が大きいのは、砂漠気候と同様です。降雨は、わずかにあるものの、まだ蒸発量の方が多くなります。土壌は、黒色の肥沃な土壌が分布、プレーリー土・チェルノゼムなどです。砂漠気候と異なって、わずかでも雨が降ることで植物が生え、それが肥沃な腐葉土を生みます。植生は、短い草原が広がり、熱帯サバナより短草となります。無樹木気候のため、農地拡大に樹木伐採の必要性がなく、広大な農業地帯となりやすいわけです。農業は、肥沃な土壌により、小麦栽培の穀物農業で世界的な穀倉地帯となっており、遊牧や牧畜も行われます。

（6）ステップ気候地域（ＢＳ気候）②：分布

　ステップ気候の分布は、砂漠気候（ＢＷ気候）の周辺です。すなわち、アジアでは、中国内陸・モンゴル・西南アジア・中央アジアのカザフス

タンからウクライナ（黒土地帯）、アフリカでは、サハラ砂漠の北側と南側、アフリカ南部（ボツワナ・ジンバブエ）、アメリカでは、プレーリーからグレートプレーンズ、アルゼンチンの乾燥パンパ、オセアニアでは、マーレー・ダーリング盆地などです。

（7）ステップ気候地域（ＢＳ気候）③：代表的都市

　ステップ気候の代表的都市は、アジアでは、ニューデリー（インド）、ラホール（パキスタン）、テヘラン（イラン）、アシハバード（トルクメニスタン）、タシケント（ウズベキスタン）、アフリカでは、ンジャメナ（チャド）、ダカール（セネガル）、ニアメ（ニジェール）、アメリカでは、サンディエゴ（アメリカ合衆国）です。

（8）乾燥帯気候地域の農業①　オアシス農業と遊牧

　乾燥帯気候地域の伝統的農業（旧大陸中心）としては、まず、オアシス農業があり、乾燥帯気候地域の、特に砂漠気候地域において、湧水（オアシス）・地下水・灌漑用水・外来河川の水を利用し、なつめやし・綿花・野菜・小麦を栽培、北アフリカ（サハラ砂漠・ナイル川流域）や西南アジア（イラン高原・メソポタミア地方）などで行われます。

　ついで、遊牧は、乾燥帯気候地域、特に砂漠気候地域において、天然飼料を求め広範囲に家畜を移動する粗放的な牧畜で、羊・やぎ・馬・ラクダなど移動に適する家畜を飼育、アジア（内陸のモンゴルやアラビア半島）、北アフリカ・西南アジアなどで行われますが、現在では、減少しています。

（9）乾燥帯気候地域の農業②：企業的穀物農業と企業的牧畜

　乾燥帯気候地域の企業的農業（新大陸中心）としては、まず、企業的穀物農業があり、乾燥帯気候地域のステップ気候地域（一部、冷帯気候地域でも行われる）で小麦が栽培され、広大な農地での大規模経営のため、大量で安価となり、輸出目的で行われます。アメリカ合衆国の中央平原西部のプレーリー、オーストラリアの大鑽井盆地の東端と西端で見られます。2018年における小麦の生産は、アメリカ合衆国が世界第4位、オースト

ラリアが世界第9位ですが、2017年における小麦の輸出は、アメリカ合衆国が世界第2位、オーストラリアが世界第4位です。

ついで、企業的牧畜があり、乾燥帯気候地域のステップ気候地域（一部、熱帯気候地域）で肉牛・羊が飼育され、大規模経営のため、大量で安価となり、輸出目的で行われます。アメリカ合衆国のグレートプレーンズで、肉牛飼育、アルゼンチンの乾燥パンパからパタゴニアで、羊飼育、オーストラリアのステップ気候地域で、羊飼育、南アフリカ共和国の内陸の草原地帯で、肉牛や羊飼育が行われます。2017年における羊毛の輸出では、オーストラリアが世界第1位、南アフリカ共和国が世界第3位です。

(10) 乾燥帯気候地域の林業・水産業・工業

乾燥帯気候地域の林業は、乾燥帯気候が無樹木気候のため、発達していません。水産業はアフリカ大陸大西洋側でのタコ漁（日本へ輸出）や、近年、キャビアなど、養殖業がみられます。工業は、西南アジアは石油産出地で、一部の国において、石油化学工業が、綿花栽培地域では、綿工業が立地しています。特に、イランでは、ペルシャ絨毯の生産が有名です。

アメリカ合衆国の企業的穀物農業地域では、小麦の製粉業など、食品工業が発達した都市もあり、かつては、ミシシッピ川に面した都市が、小麦の集散地であるとともに、河港から積み出され、ミシシッピ川の河口の都市ニューオーリンズは輸出港としてにぎわいましたが、ミシシッピ川の河口の土砂堆積が著しく、現在では河口から都市がかなり離れています。

(11) 乾燥帯気候地域の地形：安定陸塊と新期造山帯

乾燥帯気候地域の大地形では、古期造山帯が少なく、そのため石炭産出地が少ないこととなります。アジアには、安定陸塊・古期造山帯・新期造山帯があり、アフリカには、安定陸塊、アメリカには、安定陸塊と新期造山帯、オセアニアには、安定陸塊があります。小地形では、氷河地形とサンゴ礁地形がなく、乾燥地形があります。

地形と気候の関係では、中緯度高圧帯で、安定陸塊であると、砂漠を中心とした乾燥帯気候となり、アフリカ大陸やオーストラリア大陸がその事

例です。また、新期造山帯の山脈があって、その風下だと乾燥します。特に、ユーラシア大陸の内陸で、新期造山帯や古期造山帯の山々に囲まれた盆地では、乾燥帯気候が広がっています。

(12) 乾燥帯気候地域の鉱業①：鉄鉱石・石油

　鉄鉱石は、オーストラリア北西部で産出します。石油は、西南アジア（ペルシャ湾岸）、中央アジア（アゼルバイジャン）、北アフリカ（リビア・アルジェリア）で、レアメタルなどは、カザフスタンなどで産出します。

　西南アジア・中央アジア・北アフリカの乾燥帯気候地域が石油の代表的産出地域のため、乾燥帯気候地域が石油の産出と関係深いと誤解されやすい。石油の産出地域は、新期造山帯の褶曲構造が関係深く、乾燥帯気候地域は直接的には関係しません。ただ、乾燥帯気候は無樹木気候で、特に砂漠気候地域は植生がほとんどないため、発見されやすく、採掘しやすい、これが鉱業において、乾燥帯気候地域の有利性となっています。

(13) 乾燥帯気候地域の鉱業②：石油産出と格差問題

　乾燥帯気候の鉱業地域においては、石油産出の偏りと格差問題があります。すなわち、西南アジアや北アフリカでは、第二次世界大戦後、アメリカ合衆国を中心とした先進国の資本により、油田開発が行われました。勿論、乾燥帯気候地域の発展途上国すべてで石油を産出するわけでなく、産出国と非産出国の格差ができ、また、産出国内でも、産出場所と非産出場所の格差ができ、さらに、産出場所でも、土地所有者と非土地所有者の格差ができます。油田の国有化で、開発した先進国の資本との対立が生まれるとともに、乾燥帯気候地域の国相互、同一国内、人々相互と、石油産出が対立を生む原因となっていることに注目する必要があります。

(14) 乾燥帯気候地域の工業：発展途上国

　乾燥帯気候地域（発展途上国）は、工業の立地条件として、有利な立地条件が少ない。すなわち、乾燥帯気候地域は人口が少なく、発展途上国では、綿花などの原料を活用した繊維工業、石油産出を活用した石油化学工

業、以上が、数少ない工業の中心となっています。

　他に、工業が比較的発達していない要因としては、原油以外、工業原料の産出が比較的少ないこと、人口密度も低いため、労働力の有利性が少ないこと、また、高温や砂塵、水不足など、環境面での不利性があります。近年まで伝統的生活が継続、工業製品の必要性が低かった状況があり、商業が早くに発達、工業製品を他から入手する習慣の定着も指摘されます。

(15) 乾燥帯気候地域の観光①：旧大陸と新大陸

　旧大陸の乾燥帯気候地域は、古代四大文明発祥の地で、シルクロードのルートも通過、古代遺跡が多く、エジプトを代表例として、古くからの有名観光地でした。しかし、近年は、エジプトをはじめ、この地域では政情不安が広がっており、観光に影響しています。過去と現在で、信仰されている宗教が異なる場合があり、過去の宗教遺跡の保存の問題も生じます。

　新大陸の乾燥帯気候地域は、グランドキャニオン・モニュメントバレー（アメリカ合衆国）やウルル（エアーズロック・オーストラリア）など、風化浸食地形がみられ、自然観光地域となっています。しかし、これらの地形は、先住民の信仰対象になっていることも多く、観光対象として扱うことに、問題がある場合があり、配慮が必要となります。

(16) 乾燥帯気候地域の観光②：人工施設型観光

　乾燥帯気候地域では、人工施設型観光が立地している例があり、ラスベガス（アメリカ合衆国）とドバイ（アラブ首長国連邦）が、典型例です。

　ラスベガスは、ネバダ州にあり、ネバダ砂漠のオアシスに位置します。1905 年にユニオン・パシフィック鉄道が開通、1929 年に株価大暴落による大恐慌が発生、1931 年にネバダ州は、税収確保のため、賭博を合法化、1936 年にニューディール政策によるフーバーダムが完成、1946 年にホテル建設開始、開業によりカジノで収益を上げ、1980 年代に巨大テーマパークホテルブームとなり、屋内外の有料アトラクション以外に無料アトラクションもあります。世界 12 大ホテルのうち、11 ホテルがラスベガスにあるのは、カジノの開設許可として、巨大ホテルが条件となることによるも

のです。

　ドバイでは、21世紀に入り、人工島、高級リゾートホテル、中東地域最大のショッピングセンターを建設、中東有数の観光都市に成長しました。

(17) 乾燥帯気候地域の交通：高温少雨とその活用

　乾燥帯気候の高温少雨は、熱帯気候と比較して、腐食の影響は比較的少ない。そのため、アメリカ合衆国の砂漠では、使用されなくなった航空機が大量にストックされ、部品が再活用されることがあります。

　乾燥帯気候地域では、熱帯気候地域と比較して、砂塵が舞うこともあるが、天候は比較的安定し、運休が少ない。植生がない場所も多く、空港や鉄道・道路の建設も容易です。新大陸では、極めて長い直線の鉄道路線があって、長編成の旅客列車や貨物列車が走り、道路では、直線道路を生かした高速走行がみられます。航空機工業では、試験飛行地域として、安全性への配慮も含め、乾燥帯気候地域の上空が活用されています。

(18) 乾燥帯気候地域の宗教①：ユダヤ教・ゾロアスター教

　乾燥帯気候地域は、厳しい自然環境で、人口支持力が相対的に低い地域です。そのため、ユダヤ教・ゾロアスター教・キリスト教・イスラームといった多くの宗教が成立した地でもあります。

　ユダヤ教は、紀元前1280年に成立、ゾロアスター教（拝火教）は、紀元前7〜6世紀に成立してイラン高原のアーリア人が信仰、アフラ＝マズダを崇拝、教典は「アヴェスター」、ササン朝ペルシャで国教化、中国で祆教となり、現在、イランとインド（ムンバイ付近）に信者がいます。自動車のマツダは、マズダ（ＭＡＺＤＡ）からです。キリスト教は、紀元０年後に、イスラームは、7世紀に成立しました。

(19) 乾燥帯気候地域の宗教②：ユダヤ教とユダヤ人

「出エジプト」で、シナイ山において神ヤハウェから「十戒」を受ける、バビロン捕囚後、イェルサレム帰国、ユダヤ教が確立しました。

　ユダヤ教は、一神教で、選民思想、救世主（メシア）を待望、イェルサ

レムの「嘆きの壁」（神殿城壁）は聖地であり、聖典「タナハ」は、キリスト教の「旧約聖書」となった。食べ物の戒律としては、ヒレやウロコのないエビやタコなどは食べてはいけない。教育熱心で、家庭内の会話を重視します。ユダヤ人は、古代ローマ帝国時代のユダヤ戦争で敗れ、世界各地へ離散、第二次世界大戦後に、パレスチナの地に、イスラエルを建国しました。

(20) 乾燥帯気候地域の宗教③：イスラーム

　乾燥帯気候地域の砂漠気候地域である、西南アジア・中央アジア・北アフリカでは、遊牧と交易に従事する人々が多い。砂漠移動・砂漠での生活で、イスラームが広まりました。砂漠移動では目印がなく、現在地を見失うことがあり、そこでメッカに向かい礼拝を行う、メッカの方向を知るためには、自分の位置確認が必要となり、1日5回の礼拝で確認することとなります。砂漠移動では、特に日中は食事がとれないこともあり、定期的に断食を行うことで、食事なしに慣れておくことができます。砂漠移動では日数の経過がわかりにくく、聖典コーランは30の部から構成され、1日1部の読謡で日数の経過を確認することができます。砂漠生活では格差が開く可能性があり、喜捨がその縮小につながることとなります。

(21) 乾燥帯気候地域の諸問題①：環境問題

　地球温暖化やわずかな植生の伐採により、サハラ砂漠をはじめ、砂漠が拡大しています。中央アジアでは、アラル海に流れ込むアムダリア川とシルダリア川の水を灌漑用に多く利用したため、アラル海に流れ込む水量が大幅に減少、アラル海は、短期間で大幅に縮小しました。

　アメリカ合衆国では、地下水をくみ上げて、灌漑を行い、農地を拡大しました。しかし、過剰なくみ上げで、地下水の塩分濃度が上昇する塩害が発生、農業用水として使用できない状況が生じています。

(22) 乾燥帯気候地域の諸問題②：人口問題

　乾燥帯気候地域の砂漠気候地域では、農業生産に限界があり、特にイス

ラームの戒律で豚肉を原則食べないこととなっています。ちなみに、豚肉は人口支持力が高く、中国が世界の半分を生産しています。

　従来、人口が少なく、人口密度が低かったが、他の地域から物資を輸入することによって、人口が増加、人口増加に食料の輸入が追いつかない状況となり、格差が発生、欧米などの温帯気候地域の先進国を目指す傾向が発生した。乾燥帯気候地域、特にイスラームの信仰地域から、他の気候地域への移動が多いことに注目したい。今日の移民問題を考える時、自然地理学の気候が根本的な要因を考えるのに、極めて重要となっています。

（23）乾燥帯気候地域の諸問題③：政治問題

　2010 〜 11 年に北アフリカ・中東の民主化で「アラブの春」と呼ばれる動きが発生しました。これは、1968 年のチェコスロバキアでの「プラハの春」から命名されたものです。2010 年にチュニジアでジャスミン革命がおき、長期政権が終了、2011 年にエジプトでも、長期政権が終了、リビアでも、カダフィ政権が崩壊、イエメンでも、サレハ政権が崩壊しました。

　背景として、貧富の格差、若年失業率の高さが大きな要因で、特に、教育を受け、情報手段を持つ「中間層」（相対的）の出現、衛星放送・インターネット・携帯電話の普及、イスラームの礼拝で人が集まり、情報が交換されることなどが、指摘されます。しかし、「アラブの春」後の政権は安定せず、不安定な状態が継続しています。

「まとめ」：

　乾燥帯気候全体に共通する特色は、何か。

　砂漠気候とステップ気候の特色の違いは、何か。

　砂漠気候での農業とステップ気候での農業の違いは、何か。

「考察」：

　乾燥帯気候地域（発展途上国）の工業が比較的発達していない理由は、何か。

　乾燥帯気候地域の観光の課題は、何か

　乾燥帯気候地域の交通における有利性は、何か。

【13】 温帯気候地域

（1）温帯気候

　温帯気候は、樹木気候で、最寒月平均気温が18℃〜−3℃のため、温帯性植物が生育します。気温・降水量ともに、人間にとって比較的適度となります。温帯気候（気候区記号はCで、C気候とした）の区分は、年中降雨・年較差大の温暖湿潤気候（Ｃｆａ気候）、年中降雨・年較差小の西岸海洋性気候（Ｃｆｂ気候）、冬季少雨（夏熱帯）の温帯夏雨気候（Ｃｗ気候）、夏季少雨（夏乾燥帯）の地中海性気候（Ｃｓ気候）、以上の４つに区分されます。

　このように、気候帯最多の４気候区に区分されます。年中降雨をさらに年較差で区分、冬乾燥のみならず、夏乾燥の気候区もあります。ちなみに、夏乾燥の「ｓ」の小文字が付くのは、地中海性気候のみです。

（2）温暖湿潤気候地域（Ｃｆａ気候）①：特徴と農業

　温暖湿潤気候は、年中降雨・年較差大で、大農業地帯が広がり、大都市が発達しています。気温は、年較差大、四季が明瞭で、季節風（モンスーン）により、夏季は南東風で高温、冬季は北西風で低温となります。降雨は、年中一定の降雨があり、分布位置と緯度から、台風・ハリケーンの影響も大きく、土壌は、気温・降水量が適度で、比較的肥沃な土壌が分布します。植生は、温帯性の植物で、落葉広葉樹や針葉樹林も見られます。農業は、東アジア（中国・日本）で、米・茶などの栽培、北アメリカ（アメリカ合衆国）で、トウモロコシ・綿花などの栽培、南アメリカ（アルゼチン・ウルグアイ・ブラジル南部）で、牧牛（湿潤パンパからグランチャコ）が行われます。

（3）温暖湿潤気候地域（Ｃｆａ気候）②：分布と代表的都市

　温暖湿潤気候の分布は、中緯度の大陸東岸の高緯度側に分布、アジアでは、日本中南部・中国の華中・台湾、アフリカでは、アフリカ南東部（南ア共和国東岸）、アメリカでは、北アメリカの南東部・南アメリカの中東部、オセアニアでは、オーストラリア南東部です。

　温暖湿潤気候の代表的都市は、アジアでは、東京（日本）・シャンハイ（中

国）、アフリカでは、ダーバン（南アフリカ共和国）、アメリカでは、ニューヨーク・ワシントン（アメリカ合衆国）・ブエノスアイレス（アルゼンチン）、オセアニアでは、ブリズベン（オーストラリア）です。

（4）西岸海洋性気候地域（Ｃｆｂ気候）①：特徴と農業

　西岸海洋性気候は、年中降雨・年較差小で、集約的農業が行われ、商工業も発達、人口稠密です。気温は、年較差小、人間にとって比較的快適な温帯気候の中でも、最も快適な気候であり、恒常風の偏西風が卓越（卓越風）しています。降雨は、年中一定の降雨で、降雨の季節変化が少ない。土壌は、やせてはいないが、肥沃でもない土壌で、植生は、温帯性の植物、落葉広葉樹や針葉樹林も見られます。農業は、土壌の影響もあって混合農業（小麦・ジャガイモ・大麦・エンバク・テンサイ・牧草）、酪農、園芸農業などが行われます。工業は、欧州では産業革命により、早くに発達、商業も、欧州の国々の海外進出と工業発達で盛んとなっています。

（5）西岸海洋性気候地域（Ｃｆｂ気候）②：分布と代表的都市

　西岸海洋性気候の分布は、気候の名称どおり大陸西岸で中緯度の40〜60度付近に分布、アフリカでは、アフリカ南東部（南アフリカ共和国東岸）、ヨーロッパでは、西ヨーロッパから中央ヨーロッパ、アメリカでは、北アメリカ西岸（カナダ）・チリ南部、オセアニアでは、オーストラリア南東部・ニュージーランドです。

　西岸海洋性気候の代表的都市は、アフリカでは、ポートエリザベス（南アフリカ共和国）、ヨーロッパでは、パリ（フランス）・ロンドン（イギリス）、アメリカでは、プエルトモント（チリ）、オセアニアでは、シドニー・メルボルン・ホバート（オーストラリア）、ウェリントン（ニュージーランド）です。

（6）温帯夏雨気候地域（Ｃｗ気候）①：特徴と農業

　温帯夏雨気候は、冬季少雨、夏季は高温多雨で熱帯気候と同様となります。気温は、季節風（モンスーン）で、夏季は高温多雨となります。冬季

は少雨で、冬季に気温が低下するため、熱帯気候ではなく、温帯気候に区分されます。降雨は、夏季多雨・冬季少雨、降水量の較差が大きく、土壌は、比較的肥沃な土壌で、植生は、照葉樹林（常緑広葉樹）が分布します。農業は、夏季の高温多雨と、比較的肥沃な土壌であるところから盛んで、人口支持力も高く、人口が多く、人口密度も高い。作物は、稲・茶・サトウキビなど、熱帯に近い農業で、一部ではプランテーション農業も行われます。

（7）温帯夏雨気候地域（Ｃｗ気候）②：分布と代表的都市

　温帯夏雨気候の分布は、温帯気候ですが、夏季は熱帯気候と同様になるため、熱帯サバナ気候の高緯度側に隣接して分布します。アジアでは、中国の華南、インドシナ半島北部、インドのガンジス川中・上流、アフリカでは、アフリカ中南部、アメリカでは、南アメリカ中部内陸、オセアニアでは、オーストラリア北東岸です。

　温帯夏雨気候の代表的都市は、アジアでは、チンタオ・クンミン・チョンツー・ホンコン（中国）、アラハバード（インド）、アフリカでは、プレトリア（南アフリカ共和国）、オセアニアでは、ケアンズ（オーストラリア）です。

（8）地中海性気候地域（Ｃｓ気候）①：特徴と農業

　地中海性気候は、夏季に乾燥、夏季は高温乾燥で乾燥帯気候と同様となります。気温は、夏季は中緯度高圧帯に入り、高温乾燥、降雨は、夏季乾燥・冬季多雨、降水量の較差が大きい。特に、冬季多雨で、降水量多いため、乾燥帯気候ではなく、温帯気候に区分されます。土壌は、地中海沿岸で石灰岩風化のテラロッサが分布、植生は、夏季の高温乾燥に耐える植物が分布します。農業は、夏の高温乾燥に耐える作物の栽培、地中海沿岸では、オリーブ・コルクガシ・ブドウ・レモン、冬に小麦が栽培され、アメリカ合衆国のカリフォルニアでは、野菜・果樹の企業的栽培が行われています。

（9）地中海性気候地域（Ｃｓ気候）②：分布と代表的都市

　地中海性気候の分布は、温帯気候ですが、夏季は乾燥帯気候と同様に

なるため、ステップ気候の高緯度側に隣接して分布します。アフリカでは、アフリカ北端・南端、ヨーロッパでは、南ヨーロッパの地中海沿岸、アメリカでは、カリフォルニア（アメリカ合衆国）・チリ中部、オセアニアでは、オーストラリア南部です。

　地中海性気候の代表的都市は、アフリカでは、チュニス（チュニジア）・アルジェ（アルジェリア）・ケープタウン（南アフリカ共和国）、ヨーロッパでは、ローマ（イタリア）・マルセイユ（フランス）、アメリカでは、サンフランシスコ（アメリカ合衆国）・サンチアゴ（チリ）、オセアニアでは、パース・アデレード（オーストラリア）です。

（10）温帯気候地域の農業①：アジア式稲作農業とアジア式畑作農業

　温帯気候地域の伝統的農業としては、まず、アジア式稲作農業があり、温暖湿潤気候や温帯夏雨気候等のモンスーン気候で、沖積低地での米作を中心とした、集約的で自給的な農業であり、東アジア（中国の長江・チュー川、日本）、東南アジア（タイ・ベトナム・ミャンマー）で行われます。

　ついで、アジア式畑作農業があり、温暖湿潤気候や温帯夏雨気候等のモンスーン気候で、高原などでの畑作を中心とした、集約的で自給的な農業であり、東アジア（中国の黄河流域）、東南アジア（タイ・ミャンマーの内陸山間部）、南アジア（インドのデカン高原やパンジャブ）で行われます。

（11）温帯気候地域の農業②：混合農業と酪農業

　温帯気候地域の商業的農業としては、混合農業があり、ヨーロッパとアメリカ大陸の温帯気候地域で行われる、作物栽培と家畜飼育が有機的に結合した有畜農業です。ドイツの豚・テンサイ・ジャガイモ・小麦・ブドウ、フランスの小麦・トウモロコシ・肉牛・ブドウ、アメリカ合衆国のトウモロコシ・豚・肉牛・大豆、アルゼンチンのトウモロコシ・肉牛・小麦・牧草などの作物栽培と家畜飼育が行われます。

　ついで、酪農業があり、ヨーロッパ・アメリカ合衆国・ニュージーランドなどの温帯気候地域で、乳牛の飼育・生乳・乳製品の生産を行う有畜農業です。デンマークでは、氷食荒地でのチーズの生産、豚肉の生産、鶏卵

の生産が、オランダでは、干拓地（ポルダー）でのチーズ・バターの生産が、ニュージーランドでは、冷凍船を活用した、チーズ・バターの生産があります。2017年におけるバターの輸出では、ニュージーランドが世界第1位、オランダが世界第2位です。

（12）温帯気候地域の農業③：地中海式農業と園芸農業

　温帯気候地域の商業的農業には、さらに、地中海式農業があり、ヨーロッパとアメリカ大陸の地中海性気候地域で、耐乾性の強い樹木作物・家畜と自給用の穀物を栽培します。イタリアのオリーブ・ブドウ・レモンと羊・ヤギ、スペインのブドウ・柑橘類と羊、アメリカ合衆国の柑橘類・ブドウ・綿花栽培があり、チリ中部・アフリカ南北端でも地中海式農業が行われます。

　さらに加えて、園芸農業があり、ヨーロッパとアメリカ大陸を中心とした温帯気候地域で、都市への出荷を目的とし、野菜・花卉・果樹を集約的に栽培、ヨーロッパやアメリカの大都市近郊で、園芸の近郊農業が行われます。オランダの砂丘地帯では、チューリップや野菜栽培、アメリカ合衆国のフロリダ半島で、園芸の遠郊農業である柑橘類・野菜栽培が行われます。

（13）温帯気候地域の林業

　温帯気候地域では、燃料用や建築用にかつて盛んに木材が利用され、林業が盛んであった。したがって、都市に隣接して「森」があるのがかつては常識で、「森」がある山地と、農地の平地の境目に都市が立地したりした。しかし、燃料用の需要の減少や、建築用に冷帯気候地域や熱帯気候地域などの他の気候地域からの安価な木材の輸入増加で、国内の林業が衰退することとなり、大きな影響を受けています。

　日本では、かつて林業が盛んで、定期的に伐採と植林を行ってきた。良い木材を育てるために、育ちの悪い木を伐採（間伐）、その間伐した木を「割りばし」加工、森を守るとともに、次の伐採までの収入源とした。「割りばし」が売れなければ、森が守れないことになるのです。

（14）温帯気候地域の水産業

温帯気候地域は、中〜高緯度の大陸東岸および西岸に分布するため、その沖合は、暖流と寒流が交わり、両方の海流の魚が捕れるため、良好な好漁場で、水産業が盛んであった。水産業は、沖合や遠洋で操業するためには、比較的大型の漁船、設備の整った漁港、消費地への輸送手段など、設備投資が必要で、日本・欧米など先進国が、かつて漁獲量が多かった。

近年、温帯気候地域でも、中国などの発展途上国の漁獲量が急増しています。その背景としては、動物性たんぱく源として、肉よりも魚が健康に良いとの考えもあって、消費が急増、漁業資源の減少が心配されます。

（15）温帯気候地域の地形①：大地形が揃う

温帯気候地域の大地形では、古期造山帯が分布するため、石炭の産出地が多い。アジアには、安定陸塊・古期造山帯・新期造山帯、アフリカには、古期造山帯・新期造山帯、ヨーロッパには、安定陸塊・古期造山帯・新期造山帯、アメリカには、安定陸塊・古期造山帯・新期造山帯、オセアニアには、安定陸塊・古期造山帯・新期造山帯（オーストラリアに安定陸塊・古期造山帯、ニュージーランドに新期造山帯が分布）があります。

以上のように、アフリカを除いて、温帯気候地域にすべての大地形が揃うため、石炭など、多様な資源を産出します。産業革命期を中心に、活用が進んで鉱工業が発達、先進国となった国々が多い。小地形では、降水による浸食・堆積で大河川に三角州が形成され、農業や都市が発達しています。

（16）温帯気候地域の地形②：古期造山帯

地形と気候の関係では、古期造山帯と温帯気候地域が重複する場所があります。国では、イギリス・フランス・ドイツ・アメリカ合衆国・オーストラリアと、意外と少ない。これらの国々は、早くに、先進資本主義国となった。すなわち、古期造山帯があることによって良質の石炭を産出、それが、早期の産業革命を可能とし、工業国となったのです。

温帯気候地域は、人間にとって最も快適な気候であり、農業も多様な作物栽培や家畜飼育ができるため、農業も盛んとなります。また、快適で

食料確保もしやすいので、人も多く集まり、人口が多く、人口密度も高い。その結果、商業も発達、工業の発達とあわせて、先進資本主義国となる条件が揃う国が比較的多いこととなりました。

(17) 温帯気候地域の鉱業：石炭・鉄鉱石・銅鉱石

温帯気候地域で産出する資源と、産出国を示してみます。かつて多く産出した資源も含めています。石炭は、イギリス・フランス・ドイツ・アメリカ合衆国・オーストラリア、石油は、イギリス・アメリカ合衆国、鉄鉱石は、イギリス・フランス・アメリカ合衆国・中国、銅鉱石は、アメリカ合衆国・日本・チリで、かつては、石炭を中心に、主要な資源を多く産出しました。

現在、以上の国々は、発展途上国からの輸入が増加し、国内鉱山の産出は減少していることが多い。

(18) 温帯気候地域の工業：有利な立地条件が多い

温帯気候地域の工業は、比較的有利な立地条件が多く、盛んです。

自然条件では、気温・降水量が適度で、基本的に恵まれています。資源条件では、石炭・鉄鉱石など、かつては資源を多く産出して、原料・燃料などの産地に工業が多く立地した。現在は輸入が増加、資源立地が減少した。交通条件では、従来から交通が比較的発達しており、資源の輸入増加により、港湾立地が増加した。労働条件では、熱帯や温帯の発展途上国は、安価で豊富な労働力で有利だが、先進国は高価で不利であるため、工場の海外移転が見られることとなった。市場条件では、温帯の先進国は、大都市が多く、工業製品の消費の中心で研究開発も盛んなため、有利です。

(19) 温帯気候地域の観光：観光資源が揃う

温帯気候地域の観光を、観光資源別に見てみましょう。

自然的観光資源では、温帯にも自然的観光資源はありますが、特色ある自然的観光資源は、熱帯や乾燥帯に比較的多いといえます。歴史的観光資源では、温帯は、古くからの居住地であり、各時代の歴史的観光資源を有

します。都市的観光資源では、温帯には大都市が多く、特に、人々をひき
つける魅力を持った大都市が多数あります。人工的観光資源では、ディズ
ニーランドなど、人工的観光資源の代表であるテーマパークは、圧倒的に
温帯に多く存在します。これは、施設維持管理において、温帯が適してい
ることと、大都市が多くて近いという、市場的条件からの有利性があります。

(20) 温帯気候地域の交通：有利な条件が揃う

　温帯気候地域は、人口が多く、人口密度も高く、移動の活発性がありま
す。すなわち、大都市が多く、大都市相互や、大都市周辺都市からの移動
も多く、交通需要が旺盛です。先進国が多く、交通手段もよく発達してい
ます。

　温帯気候地域は、他の気候地域と比較して天候は安定し、交通機関の運
行の支障は少ない。先進国も多く、定時性等、安定した運行が行われます。
かつて、航空機や船舶で、欠航に至った状況下でも、技術の進歩で、運行
の可能性は拡大しており、温帯の通常の気象状況下であれば、欠航率はか
なり低い。したがって、温帯気候地域は交通に恵まれているといえます。

(21) 温帯気候地域の宗教：仏教・キリスト教

　熱帯気候地域から温帯気候地域に、仏教が広がった。すなわち、温帯気
候地域は、豊かな農業地域で、人口が増加、作物栽培に集中、殺生を禁ず
る教えとなりました。アジア熱帯気候地域に隣接する温帯夏雨気候（Ｃｗ
気候）地域の東アジア（中国）、アジア大陸東岸に広がる温暖湿潤気候（Ｃ
ｆａ気候）地域の東アジア（中国・日本）に広がりました。この地域では、
人口増加もあって、家畜飼育とその肉食は緩和されています。

　乾燥帯気候地域から温帯気候地域に、キリスト教が広がった。西アジ
ア乾燥帯気候地域に隣接する地中海性気候（Ｃｓ気候）地域の南ヨーロッ
パ地中海沿岸、ヨーロッパ大陸西岸に広がる西岸海洋性気候（Ｃｆｂ気候）
地域の西ヨーロッパ（イギリス・フランス・ドイツ）に広がった。また、商
工業の発達により、カトリックとプロテスタントに分かれることとなった。

(22) 温帯気候地域の諸問題①：格差問題

　以上のように、温帯気候地域は、他の気候地域と比べて、有利性や恵まれた点が多い。しかし、その一方で、有利性や恵まれた点を最大限に活用している国と、活用していない国との格差が生じています。また、同一国内においても、同様の理由による、地域ごとの格差が生じています。

　その理由は、「有利・恵まれる」状況であっても、「早くから」「最大限」「活用する」ことがなければ、効果を発揮しないということです。そこから、国や地域の、「対応の差異」にも注目する必要があります。

(23) 温帯気候地域の諸問題②：未来問題

　古代（ギリシャ文明・ローマ帝国）は、温帯気候地域の地中海性気候地域が、中世ヨーロッパ以降は、温帯気候地域の西岸海洋性気候地域が栄えた。紀元後（西暦年）、温帯気候地域が世界の中心であったわけです。

　しかし、今後は、特に長期的視点から、どうなるかを考える必要があります。まず、自然側の変化で注目されるのは温暖化で、温帯気候地域の低緯度側で平均気温が上昇、熱帯化で快適性や農業・漁業・工業の有利性が変化すると考えられます。また、人間側の変化で注目されるのは、温帯気候地域での少子高齢化です。先進国では勿論、中国でも、少子高齢化に向かっています。熱帯気候地域や乾燥気候地域では、若年人口が増加、不利性を乗り越えた若い人々が、今後の世界をリードする可能性があります。

「まとめ」：
　温暖湿潤気候と西岸海洋性気候の共通点と差異は、それぞれ何か。
　温帯夏雨気候の特色には、何があるか。
　地中海性気候の特色には、何があるか。

「考察」：
　温帯気候地域に関係深い農業は何で、その理由は何か。
　温帯気候地域と関係深い工業の立地条件は何で、その理由は何か。
　温帯気候地域と関係深い観光・交通は何で、その理由は何か。

【14】冷帯気候地域・寒帯気候地域・高山気候地域

（1）冷帯気候（亜寒帯気候）

　冷帯気候（亜寒帯気候）は、樹木気候で、冷帯（亜寒帯）性植物が生育、最寒月平均気温が−３℃未満で、気温が低く、降水量もやや少なめです。冷帯気候（気候区記号はＤで、Ｄ気候とした）の区分は、年中降雨・年較差大の冷帯湿潤気候（Ｄｆ気候）、冬季少雨・年較差大の冷帯夏雨気候（Ｄｗ気候）、以上の２区分です。

　もう一つの区分として、月平均気温10℃以上の月が４か月以上の大陸性混合林気候（Ｄｗa-b・Ｄｆa-b気候）、月平均気温10℃以上の月が１〜３か月の針葉樹林（タイガ）気候（Ｄｗc-d・Ｄｆc-d気候）、以上の２区分とする方法も、使用されることがあります。

（2）冷帯湿潤気候地域（Ｄｆ気候）：特徴・分布・代表的都市

　冷帯湿潤気候は、年中湿潤（冬にも偏西風や低気圧により降水あり）で、気温は、最寒月平均気温−３℃未満、年較差大、降雨は、年中一定の降雨があり、土壌は、灰色のやせた土壌のポドゾルです。

　冷帯湿潤気候の分布は、北半球のユーラシア・北米大陸と周辺の島々で、ヨーロッパでは、スウェーデン北部からポーランド東部、アジアでは、レナ川流域からオホーツク海沿岸（北海道含む）、北アメリカでは、カナダ・アラスカ・アメリカ合衆国北部、代表的都市は、ユーラシアでは、モスクワ（ロシア）、北アメリカでは、シカゴ（アメリカ合衆国）・ウィニペグ（カナダ）です。

（3）冷帯夏雨気候地域（Ｄｗ気候）：特徴・分布・代表的都市

　冷帯夏雨気候は、冬季の降水量少、冬季の冷却が激しく、北半球の寒極となります。気温は、最寒月平均気温−３℃未満、年較差大、降雨は、冬季に降水量が少なく、土壌は、灰色のやせた土壌のポドゾルが主体で、北部にはツンドラ土や永久凍土が分布します。

　冷帯夏雨気候の分布は、北半球のユーラシア大陸北東部のみに分布、ア

ジアでは、中国北部からシベリア東部です。代表的都市は、チタ・イルクーツク・オイミャコン・ハバロフスク・ウラジオストク（ロシア）です。

（４）大陸混合林気候地域（D a-b 気候）：特徴・分布・代表的都市

　大陸混合林気候は、夏季が比較的長く、針葉樹と広葉樹の混合林で、気温は、月平均気温 10℃以上の月が４か月以上、農業は、春小麦・ライ麦・えん麦・大豆・じゃがいもの栽培です。

　大陸混合林気候の分布は、東ヨーロッパ東部・ロシア・シベリア南部、中国東北地方南部からシベリア南東部、北海道、北アメリカのニューイングランドから五大湖地方を経てグレートプレーンズ東端に至る地域です。代表的都市は、ユーラシアでは、モスクワ・ハバロフスク（ロシア）、ペキン（中国）、札幌（日本）、北アメリカでは、シカゴ（アメリカ合衆国）、ウィニペグ（カナダ）です。

（５）針葉樹林（タイガ）気候地域（D c-d 気候）：特徴・分布・代表的都市

　針葉樹林（タイガ）気候は、夏季が比較的短く、大針葉樹帯（タイガ）となり、気温は、月平均気温 10℃以上の月が１～３か月、農業は、耐寒性の作物で、えん麦・大麦・じゃがいもの栽培、林業は、針葉樹の伐採・製材・パルプ製紙業が発達します。

　針葉樹林（タイガ）気候の分布は、スカンディナビア半島からシベリアの大部分、中国東北部の北部、北アメリカのアラスカからカナダです。代表的都市は、イルクーツク・チタ・アルハンゲリスク・ヴェルホヤンスク（ロシア）です。

（６）寒帯気候

　寒帯気候は、無樹木気候で、植生はわずかに地衣類・蘚苔類がツンドラ気候で見られるのみ、降水量は観測しにくい。寒帯気候（気候区記号はＥで、Ｅ気候とした）の区分は、年数か月 0℃～10℃のツンドラ気候（ＥＴ気候）、年中氷点下（0℃以下）の氷雪気候（ＥＦ気候）、以上の２区分です。

　寒帯気候は、気温が極めて低く、無樹木で、農業は困難、居住には適さ

ない。特に、氷雪気候は、特別な目的でのみの居住となります。ほとんど
は、北極圏・南極圏で、夏は太陽が沈まない白夜となります。

（7）ツンドラ気候地域（ＥＴ気候）：特徴・分布・代表的都市

　ツンドラ気候は、夏に凍土層が融け、地衣類・蘚苔類が生える程度です。
気温は、最暖月平均気温10℃未満、０℃以上、土壌は、ツンドラ土、生
業は、エスキモー・ラップ・サモエードなどの人々のトナカイの遊牧やア
ザラシなどの狩猟で、人口寡少、航空基地・軍事基地の設置が見られます。
　ツンドラ気候の分布は、ユーラシア大陸や北米大陸の北極海沿岸、グ
リーンランド沿岸部、南極大陸半島先端であり、代表的都市は、バロー（ア
メリカ合衆国・アラスカ州）です。

（8）氷雪気候地域（ＥＦ気候）：特徴・分布・代表的都市（基地）

　氷雪気候は、年中氷点下で、雪と氷の世界となります。気温は、最暖月
平均気温０℃未満と年中氷点下、土壌は、永久凍土、居住は、地下資源開
発や学術調査基地がある程度で、地球上で、最も居住が困難な地域です。
　氷雪気候の分布は、グリーンランド内陸部、南極大陸の大部分で、代表
的都市（基地）は、昭和基地・みずほ基地・あすか基地・ドームふじ基地
（南極大陸の日本の基地）です。

（9）冷帯・寒帯気候地域の農業①：遊牧・アジア式農業

　冷帯・寒帯気候地域の伝統的農業としては、まず、遊牧があり、寒帯気
候地域の北極海沿岸地域で、トナカイの飼育、エスキモー・ヤクート・ラッ
プの人々が、夏はツピク（移動組立式）、冬は氷のイグルーを住居とします。
　ついで、アジア式米作農業があり、世界の米作の北限地域、品種改良と
栽培方法の改善で、冷帯気候地域である日本の北海道石狩川流域など、低
湿地帯での米作があります。
　さらに、アジア式畑作農業があり、中国の東北地方（旧・満州）の冷帯
気候地域で、春小麦・こうりゃん・大豆が栽培されます。

（10）冷帯・寒帯気候地域の農業②：混合農業・酪農業

　冷帯・寒帯気候地域の商業的農業としては、まず、混合農業があり、ロシア南部の冷帯気候地域で、作物栽培と家畜飼育が有機的に結合の有畜農業、豚・テンサイ・ジャガイモ・小麦の飼育と栽培が行われます。

　ついで、酪農業があり、北ヨーロッパ・北アメリカ・北海道の冷帯気候地域で、乳牛の飼育・生乳・乳製品生産の有畜農業、北ヨーロッパの生乳・バター・チーズ、北アメリカの生乳・バター・チーズ、北海道の生乳・バター・チーズ生産が行われます。

（11）冷帯・寒帯気候地域の農業③：企業的穀物農業

　冷帯・寒帯気候地域の企業的農業としては、企業的穀物農業があります。アメリカ大陸の冷帯気候地域で、春小麦の耐寒品種であるガーネット種栽培が中心となる春小麦生産の中心地があります。乾燥帯・温帯で生産される冬小麦と収穫時期が異なるため、優位となります。アメリカ合衆国では、ノースダコタ・サウスダコタ・ミネソタ州で、集散地はミネアポリス、カナダでは、サスカチョワン・アルバータ・マニトバ州で、集散地はウィニペグです。

（12）冷帯気候地域の林業・水産業

　冷帯気候地域は、特に、針葉樹林気候（タイガ気候）地域は、同一樹種の針葉樹がまとまって育ち、針葉樹は、比較的軟らかく、加工が容易なため、林業が盛んな地域です。カナダや「森と湖の国」フィンランドが有名で、日本では、北海道・東北で、製材製紙業が発達しました。

　冷帯気候地域は、沖合を寒流が流れ、魚種が少なく、同一魚種がまとまって生育するため、水産業が盛んな地域です。北太平洋や北大西洋は、良好な好漁場であり、沿岸は先進国が多く、設備投資ができ、日本・ロシア・アメリカ合衆国・ノルウェーなどは、漁獲量が多い国々です。

（13）冷帯・寒帯気候地域の鉱業

　冷帯気候地域の鉱業地域としては、カナダでの新期造山帯・環太平洋造

山帯のロッキー山脈で、石油や銅を、安定陸塊で、鉄鉱石やニッケルなどを、アメリカ合衆国アラスカ州で、石油や金などを、中国東北地方（旧・満州）で石炭や鉄鉱石などを、ロシアのシベリアで、石炭・石油・ダイヤモンドなどを、産出します。

　寒帯気候地域の鉱業地域としては、ノルウェーのスヴァールバル諸島が古期造山帯で、石炭の産出があります。

(14) 冷帯気候地域の工業：特定の工業が発達

　冷帯気候地域では、特定の工業が発達しています。

　製粉工業は、春小麦の集散地で発達、製紙工業は、林業が盛んな地域で発達、カナダが有名です。家具工業は、北ヨーロッパがデザイン性高く、やはり有名で、水産加工業は、漁業が盛んな地域で発達、ただし、市場から遠いため、缶詰工業が特に発達、カニやサケの缶詰製造などです。製油工業は、石油産出地で発達、カナダのエドモントンなどがあり、酒造工業は、ビール・ウィスキー・日本酒など、冷涼な気候が、原料生産と製造に適する環境となります。

(15) 冷帯気候地域の観光：観光資源別

　冷帯気候地域の観光を、観光資源別に見てみましょう。

　自然的観光資源は、スキー・スケート・カーリング・ホッケーなど、雪と氷を活用した特色あるスポーツが重要な観光資源となります。歴史的観光資源は、比較的、居住の歴史が新しいため、歴史的観光資源は少ない。都市的観光資源は、比較的、新しい都市が多く、近代的な街並みが魅力となることもあります。人工的観光資源は、スキー場・スケート場など、気候を活用した施設が人気となっています。今後も、気候の活用が観光に重要となります。

(16) 冷帯気候地域の交通：移動の活発化

　冷帯気候地域では、移動環境の変遷があります。すなわち、冷帯気候地域は、冬季の自然の厳しさから、移動が制約された時代がありました。しかし、交通技術の発達、都市の発達、比較的先進国が多いことから、移動

の制約が少なくなり、また、以前より移動需要が増大して、移動が活発化しているのです。

　冷帯気候地域の天候の状況から見ると、冷帯気候は、他の気候と比較して天候は、特に冬季が厳しい。しかし、かつて、航空機や船舶で、冬季に欠航に至った状況下でも、技術の進歩で、運行の可能性は拡大しています。温帯気候地域と同様とまではいきませんが、日本でも、かつて航空交通で冬季閉鎖の空港もあり、新幹線や高速道路が困難とされましたが、滑走路や線路・道路の除雪技術進歩で克服され、交通が飛躍的に発達しています。

（17）冷帯気候地域の宗教：キリスト教

　乾燥帯気候地域から温帯気候地域を経て、冷帯気候地域に、キリスト教が広がりました。11世紀に東西教会分裂（カトリック・正教会）、カトリックは、ケベック州（カナダ）のフランス系住民に多い。東方正教にはロシア正教・ギリシャ正教・セルビア正教があり、東ヨーロッパのスラブ民族に信仰されています。16世紀の宗教改革でプロテスタントが成立、プロテスタントは、アメリカ合衆国・カナダ（ケベック州以外）・スウェーデン・ノルウェー・フィンランド（北ヨーロッパ）と、冷帯気候地域にも広がりました。

（18）北極海と周辺地域

　ユーラシア大陸・北アメリカ大陸・グリーンランドの北極海沿岸が寒帯のツンドラ気候（ＥＴ気候）、グリーンランド内陸が寒帯の氷雪気候（ＥＦ気候）です。

　航空交通では、北極海は北アメリカ～ヨーロッパ間や日本～ヨーロッパ間（アラスカのアンカレッジ経由時代）の重要航空路です。船舶交通では、年間氷結範囲が広いため、航路の活用は困難であったが、温暖化で年間氷結範囲が縮小、航路活用が進むこととなりました。

　ベーリング海峡は、最終氷期には陸続きで人類が移動しました。アラスカは、1867年ロシアがアメリカ合衆国に売却した地です。グリーンランドは、世界最大の島で、デンマーク王国を構成しています。

（19）南極大陸と周辺地域

　南極大陸は、寒帯の氷雪気候（EF気候）、大陸プレートの南極プレート上に南極大陸はあります。19世紀に南極大陸の存在が確認され、20世紀の南極条約で、領域主権の主張を禁止しました。

　南極大陸に最も近い大陸は、南アメリカ大陸で、1520年マゼラン（ポルトガル）が南アメリカ大陸とフェゴ島の間にマゼラン海峡を発見・通過、太平洋も命名しました。1578年ドレーク（イギリス）が、フェゴ島と南極大陸沖のサウスシェトランド諸島の間にドレーク海峡を発見、世界一幅の広い海峡で、1616年スホーテン（オランダ）が通過しました。

（20）高山気候：特徴・分布・代表的都市

　高山気候の気候区記号はHで、他の気候帯記号と異なり、A～Eの順とせず、H気候としました。麓は、熱帯気候で高温・年中降雨・年較差少、海抜高度が増すことによって、気温低下・降雨減少となります。温帯と同様の気温で年較差少・日較差大、高山のため空気が薄く、盆地の底がやや濃くなります。

　高山気候の分布は、アジアでは、ヒマラヤ山脈・チベット高原、アフリカでは、エチオピア高原、アメリカでは、アンデス山脈です。代表的都市は、ラパス・キト・ボゴタ（南アメリカのアンデス山脈）、シムラ・ダージリン（インド）、カトマンズ（ネパール）、ラサ（チベット高原）、アディスアベバ（エチオピア）です。

（21）高山気候地域の産業・歴史①：アンデス山脈の国々

　高山気候地域のアンデス山脈では、13世紀からインカ文明が栄え、ジャガイモ（主食）・トマトはアンデス原産で、リャマ・アルパカ（ラクダ科）の家畜飼育が行われました。16世紀にスペイン人ピサロがインカ帝国を滅ぼして、スペインの植民地となり、アンデス山中での銀の産出で、一躍、「太陽の沈まぬ国」とされる大国となりました。

　19世紀に独立したアンデス山脈の国々は、コーヒー豆（コロンビア）・バナナ（エクアドル）・銀（ペルー）・すず（ボリビア）・銅（チリ）など、一次産品（農産物・鉱産物）のモノカルチャー経済が、独立後も継続しています。

（22）高山気候地域の産業・歴史②：エチオピア

　エチオピア高原の国エチオピアは、アフリカ最古の独立国で、アクスム王国を経て、13世紀に、エチオピア帝国が成立した。19世紀にイタリアの侵攻を撃退、20世紀にイタリアの併合を撃退、高山気候で空気が薄く、高原で深い谷の起伏のある地形から、他国の侵入を防ぎやすい利点もあります。

　南西部のカッファは、コーヒーの原産地とされ、後に対岸のアラビア半島に伝わり、その地の積出港モカが有名です。首都アディスアベバ（標高2,354m）には、アフリカ連合の本部があり、「アフリカの政治的な首都」とされ、2019年アビィ首相にノーベル平和賞が贈られました。

（23）高山気候地域の宗教

　高山気候地域の宗教は、ヒンドゥー教・カトリック・イスラーム以外、チベット仏教（ラマ教）・エチオピア正教の信仰地です。

　ヒマラヤ山脈・チベット高原においては、ネパール・インドでヒンドゥー教、チベット・ブータンでチベット仏教（ラマ教）が信仰されています。

　アンデス山脈においては、コロンビア・エクアドル・ペルー・ボリビア・チリなど、旧スペイン植民地では、キリスト教のカトリックです。

　エチオピア高原においては、エチオピアでキリスト教のエチオピア正教とイスラームが信仰されています。

「まとめ」：

　冷帯気候の気候区区分は、何により何気候（区）があるか。

　寒帯気候の気候区区分は、何により何気候（区）があるか。

　冷帯気候地域の農業には、大きく何があるか。

「考察」：

　冷帯気候地域で林業・水産業が盛んな理由は、何か。

　冷帯気候地域で特定の工業が盛んな理由は、何か。

　冷帯気候地域で観光の中心となっているのは、何か。

【15】 まとめ：
日本の自然・鉱産物と歴史、世界の自然・鉱産物と歴史

（1） 日本の自然・鉱産物と歴史①：フォッサ・マグナと戦国武将

　なぜ、糸魚川〜静岡構造線付近で、戦国時代に有力武将が多く出現したのでしょうか。キーワードは、「フォッサ・マグナ」＜大地溝帯＞です。

　すなわち、フォッサ・マグナはユーラシアプレートと北アメリカプレートの境界で、火山があり、金鉱石が出ます。特に、火山の西側で出る金を利用して、戦国時代を抜け出る人物が現れた。したがって、フォッサ・マグナに上杉・真田・武田・今川といった戦国武将の支配地が並ぶこととなります。

「戦わずして勝つ」は、武田（甲州金山）・上杉（佐渡金山）の両氏がとった戦略で、砂金や銀も含む、金銀山あっての戦略であった。しかし、「戦わない」ということから、実戦力と絶対主義の織田信長がまず抜け出し、金の力と信長の戦略を取り入れた豊臣秀吉がつぎに抜け出し、後継者問題に目をつけ、主要金銀山を直轄領とし、未来戦略にたけた徳川家康がさらに抜け出すこととなった。戦国史の解明に、鉱産物は不可欠なのです。

（2） 日本の自然・鉱産物と歴史②：江戸時代の鎖国と自給

　なぜ、日本は「鎖国」ができたのでしょうか。「鎖国」ができたということは、基本的に「輸出入」が不要ということです。キーワードは、「江戸時代の鎖国」から見えてくる、当時の日本の状況です。

　すなわち、農産物や鉱産物（地下資源）を自給できたことがまず重要です。なぜ、農産物を自給できたかは、気候が、温帯の温暖湿潤気候で、夏暑く冬寒い、新期造山帯で急傾斜地が多く、よって水はけがよい土地があるのです。このことが、気温が多様で、水量が調整可能ということとなります。その結果、工夫すれば、多様な農作物を栽培できるのです。では、なぜ、鉱産物を自給できたかは、大地形が新期造山帯で、多様な鉱産物を産出したことによります。今日、農産物・鉱産物ともに、輸入が多いのですが、かつては自給できることは勿論、輸出していたものもあったのです。

（3）日本の自然・鉱産物と歴史③：中央構造線と薩長土肥

　なぜ、薩長土肥は明治維新を成し遂げ、その後、薩長土肥の間で差が開いたのでしょうか。キーワードは、「中央構造線（メジアンライン）内帯」にどのような意義があったかです。

　すなわち、まず、薩摩・長州・土佐・肥前は、西国で、冷害・ききんの被害が少ない有利性があります。そして、鉱産物が豊富で、幕府の直轄領を免れ、藩が採掘する鉱山がありました。薩摩では、金・錫・硫黄、長州では、銅・錫・石炭・石灰、土佐では、銅・石灰、肥前では、石炭を産出、鉱産資源を活用できたのです。特に銅と石炭は幕末当時に価値が高く、最新鋭の武器購入が可能で、維新達成につながったのです。

　しかし、「中央構造線」付近を境に、大きく産出資源が異なるのです。その当時、価値が高かった銅または石炭を産出するのは、「中央構造線（メジアンライン）内帯」（付近を含む）に位置する長州・土佐・肥前の3藩、それに対して、「中央構造線（メジアンライン）外帯」に位置して、銅・石炭ともに産出しないのが薩摩、このことから差異が出ることとなったのです。

（4）日本の自然・鉱産物と歴史④：鉱産物の銅・石炭と財閥

　なぜ、明治期に、「財閥」が誕生したのでしょうか。キーワードは、「鉱業・鉱山」、特に「鉱産物の銅・石炭」です。

　すなわち、この時期、産業革命で石炭が、電線・電気・電子機器用として銅が、それぞれ重要資源となった。銅は、環太平洋造山帯のアメリカ合衆国・日本で産出、西ヨーロッパでは産出せず、イギリス・フランスなどは、日本に求めた。アメリカ合衆国は自国で産出、日本の「銅」を必要としない状況であった。明治政府は財政難から、優良鉱山の払い下げを行ない、勿論、優良鉱山を自ら開発する鉱業によって、「政商」から「財閥」になったのです。三菱は、高島炭鉱・佐渡金山・生野銀山・尾去沢銅山・細倉鉱山・明延鉱山・雄別炭鉱・夕張炭鉱・崎戸炭鉱、三井は、三池炭鉱・神岡鉱山・釜石鉄山・串木野金山・西表炭鉱が、その代表例です。また、住友は別子銅山・菱刈金山・鴻之舞金山・赤平炭鉱・奔別炭鉱、古河は足尾銅山・久根銅山・院内銀山、日本鉱業は日立銅山を開発、銅から電

気・電子機器生産へと展開し、住友のＮＥＣ日本電気、古河の富士通、日立製作所、これらの企業が３大コンピューターメーカーに発展しました。

（5）世界の自然・鉱産物と歴史①：乾燥気候・外来河川・安定陸塊

　なぜ、エジプト・メソポタミア・インダス・黄河といった、四大文明発祥の地は、北緯30度前後（北緯20～40度）なのでしょうか。キーワードは、「乾燥気候」「外来河川」「安定陸塊」です。

　すなわち、北半球は広大な大陸が広がり、広い大陸では、北回帰線が通過する北緯30度前後が中緯度高圧帯となって、雨が少なく、乾燥気候となり、土壌が肥沃です。そこに、乾燥気候地域の外である湿潤気候地域から来て乾燥気候地域を流れる外来河川は、豊富な水量があり、肥沃な土壌の地を潤します。その地が安定陸塊であれば、平坦で広大な農地となります。エジプト・メソポタミア・インダス・黄河が、その地なのです。

（6）世界の自然・鉱産物と歴史②：大河川流域での差異

　なぜ、世界的大河川である、メコン川流域（アジア）、コンゴ川流域（アフリカ）、アマゾン川流域（南アメリカ）は古代文明発祥の地とならなかったのでしょうか。キーワードは、「大河川流域での差異」です。

　すなわち、以上の３大河川は、「熱帯気候」地域を流れる河川です。「安定陸塊」を流れる大河川であっても、「乾燥気候」を流れる「外来河川」ではなく、「熱帯気候」地域は、雨が多く、土壌が肥沃でないことによります。

　このように、気候の「乾燥気候」、大地形の「安定陸塊」、小地形の「外来河川」、この３つが重複する場所は、世界でわずかなしかない、極めて恵まれた場所ということなのです。

（7）世界の自然・鉱産物と歴史③：仏教とヒンドゥー教

　なぜ、各宗教は成立、信仰が拡大していったのでしょうか。キーワードは、「気候」と信仰地域の拡大で、まずは、仏教とヒンドゥー教です。

　すなわち、東アジア・東南アジア・南アジアは高温湿潤地域で、紀元前５世紀に、仏教とヒンドゥー教が成立した地です。高温湿潤地域では、

人口扶養力のある稲作を導入、その結果、人口が増加、作物栽培に集中し、殺生禁止（家畜を食用としない教えで対応）の由来となったのです。ただ、さらなる人口増加があって、のちに、一部緩和されることとなった。人口扶養力のある豚を食用に、牛は使役用中心となったが、さらに牛食も緩和された。高温湿潤地域の、東・東南アジア大陸部を中心に仏教、東南アジア半島・島嶼部と南アジアのインドにヒンドゥー教が広がったのです。

（8）世界の自然・鉱産物と歴史④：キリスト教とイスラーム

　なぜ、各宗教は成立、信仰が拡大していったのでしょうか。キーワードは、「気候」と信仰地域の拡大で、ついで、キリスト教とイスラームです。

　すなわち、紀元０年にキリスト教、７世紀にイスラームが成立、その地の高温乾燥地域は、人間にとって厳しい自然環境です。生きていく知恵が必要となり、多くの宗教発祥の地となった。キリスト教は、乾燥帯気候地域から温帯・熱帯・冷帯気候地域に拡大、ヨーロッパ・ロシアからアメリカ・オセアニアに拡大しました。イスラームは、中央・西アジア・北アフリカ（乾燥帯）から、熱帯気候地域のヒンドゥー教の地、東南アジア半島部（マレーシア）・島嶼部（インドネシア）に拡大しました。

（9）世界の自然・鉱産物と歴史⑤：古代ギリシャ・ローマ帝国

　なぜ、「古代ギリシャ・ローマ帝国は繁栄したのか」、四大文明発祥の地以上の利点は何であったのでしょうか。キーワードは、「地中海性気候」「新期造山帯」です。

　すなわち、「乾燥帯気候」の地は、穀物農業に向いたが、砂漠等があり、人間の生活には過酷であった。乾燥帯気候に隣接し、人間の生活に適した温帯気候の地が、地中海性気候地域で、新期造山帯であれば、高低差・斜面で、気温差と水はけを利用した、家畜飼育と樹木農業が可能となります。

　すなわち、「地中海性気候」「新期造山帯」の２つが重複する場所で、最も広大なのが、南ヨーロッパの地中海沿岸の地で、当時としては、極めて恵まれた場所であったのです。

（10）世界の自然・鉱産物と歴史⑥：地中海性気候と新期造山帯

　なぜ、「地中海性気候」と「新期造山帯」の重複地なのでしょうか。キーワードは、「より良い人間の生活ができる」ということです。

　すなわち、地中海性気候は、乾燥帯気候のステップ気候に必ず隣接、乾燥帯気候は無樹木気候、温帯気候は樹木気候で、気温が適度だけでなく、木々が燃料・建築資材に利用可となります。新期造山帯は、火山性土や石灰石風化土で肥沃であり、山の高低差は、気温差利用で家畜の移牧を可能とし、また水はけがよく、樹木作物の栽培が可能となります。羊・山羊や乳牛で毛・肉・発酵食品の生産、防寒・保存食としての活用が可能、樹木作物のブドウ・コルクガシで、ワインとコルク栓という絶妙の組み合わせが誕生しました。

（11）世界の自然・鉱産物と歴史⑦：西ヨーロッパの国々

　なぜ、「西ヨーロッパの国々はいち早く先進国」となったのでしょうか。近代以降に国の発展に必要なものは何だったのでしょうか。キーワードは、「西岸海洋性気候」「古期造山帯」です。

　すなわち、西岸海洋性気候は、気温・降水量が人間生活に適度であり、最も人間にとって快適な気候です。近代以降に農業技術が発展、不利を克服できることとなった。古期造山帯は、良質な石炭を産出、蒸気機関が発明され、早期に産業革命を成し遂げ、先進工業国となったわけです。「西岸海洋性気候」「古期造山帯」の２つが重複する場所で、最も広大なのが、西ヨーロッパの地で、当時としては、極めて恵まれた場所でした。

（12）世界の自然・鉱産物と歴史⑧：西岸海洋性気候と古期造山帯

　なぜ、「西岸海洋性気候」「古期造山帯」の地が、早期の工業化ができたのでしょうか。キーワードは、「農業（第一次産業）から工業（第二次産業）へ」です。

　すなわち、西岸海洋性気候地域は、農業に工夫が必要とされた地域であったことから、輪作・混合農業といった農牧業生産方法の発達にたよることとなった。また、ソーセージなどの加工食品の生産や新大陸原産の作

物導入を行った。熱帯性低気圧の襲来がなく、気候災害が少なく、年中一定の降雨があることから、水車が動力源に使用可となる古期造山帯は、火山・地震・津波の災害が少なく、交通の障害にならず、河川が交通路として利用可で、石炭産出だけではなく、工業発達の有利性があったのです。

（13）世界の自然・鉱産物と歴史⑨：西欧以外の古期造山帯

なぜ、ヨーロッパ共同体（ＥＵ）に加盟しない国があり、東欧革命が発生したのでしょうか。キーワードは、「西ヨーロッパ以外の古期造山帯」です。

すなわち、北ヨーロッパのノルウェーは最初からヨーロッパ共同体に加盟していない。ノルウェーのスヴァールバル諸島は、古期造山帯で石炭を産出するのです。東ヨーロッパで古期造山帯があり、石炭を産出する国々では、チェコスロバキアで 1968 年に「プラハの春」がおき、ポーランドで 1980 年に労組「連帯」が結成、ウクライナで 1991 年にソビエト連邦からの独立が達成された。共通点として、古期造山帯の存在があり、石炭の産出で比較的早い工業化が行われ、ソ連崩壊・東欧革命の契機になったわけです。東ヨーロッパでの古期造山帯の存在は、大きいのです。

（14）世界の自然・鉱産物と歴史⑩：氷河地形・熱帯気候・砂漠気候

なぜ、「安定陸塊」でも鉄鉱石産出に差があるのでしょうか。キーワードは、「氷河地形」「熱帯気候」「砂漠気候」です。

すなわち、「安定陸塊」は世界の大陸に広く分布、そこで鉄鉱石が多く産出するが、鉄鉱石の産出が多い国は、国土面積の広さだけでなく、露天掘り可能かどうかが産出量に影響しています。すなわち、「氷河地形」地域では、氷河の浸食で鉄鉱石が地表面に現れ、北ヨーロッパのスウェーデン、北アメリカのカナダ・アメリカ合衆国が、「熱帯気候」地域では、流水の侵食で鉄鉱石が地表面に現れ、南アメリカのブラジル、アジアのインド、アフリカの国々が、「砂漠気候」地域では、風化の浸食で鉄鉱石が地表面に現れ、オセアニアのオーストラリアが、それぞれ産出が多くなるのです。

(15) 世界の自然・鉱産物と歴史⑪：安定陸塊と鉄鉱石の産出

　なぜ、ＢＲＩＣＳは、2000 年以降に経済発展したのでしょうか。キーワードは、「安定陸塊」「鉄鉱石の産出」です。

　すなわち、ＢＲＩＣＳ（ブラジル・ロシア・インド・中国・南アフリカ共和国）の共通点は、発展途上国以外に何があるのかということです。その共通点は、「安定陸塊」で、「鉄鉱石の産出が上位」です。鉄鉱石産出上位 6 ヶ国で、先進国はオーストラリア、他は、発展途上国のブラジル・中国・インド・ロシア・南アフリカ共和国です。発展途上国の経済発展には、まずは工業化であり、自国での鉄鉱石産出上位と自国での活用が重要となります。ＢＲＩＣＳの説明には、欠かすことのできない内容です。

(16) 世界の自然・鉱産物と歴史⑫：気候・大地形・小地形・鉱産物

　なぜ、西ヨーロッパの国々の中で、イギリスとフランスは、近代に、先進国中の先進国となったのでしょうか。キーワードは、「気候」「大地形」「小地形」「鉱産物」です。

　すなわち、「西岸海洋性気候」「古期造山帯」「石炭産出」により、早期の産業革命を達成することとなった。では、工業化以外に何があるのでしょうか。イギリス・フランスは、「古期造山帯」のみならず、「安定陸塊」も存在、鉄鉱石も産出するのです。「安定陸塊」の、ロンドン盆地・パリ盆地は、ケスタ地形、ロンドン・パリはケスタの崖が自然の城壁になって、防衛上、非常に有利となります。ロンドンのテムズ川、パリのセーヌ川は共に河口がエスチュアリー（三角江）、外洋から河川へ船が入りやすい利点があります。「安定陸塊」と、そこにできる「小地形」も、大きく貢献しています。

(17) 世界の自然・鉱産物と歴史⑬：新期造山帯での差異

　なぜ、「アルプス・ヒマラヤ造山帯」と「環太平洋造山帯」で産出する資源に差異があるのでしょうか。キーワードは、「新期造山帯」での差異です。

　すなわち、新期造山帯および周辺では、褶曲の背斜部が形成され、そこ

で石油が産出します。中央・西南・東南アジア、北アメリカ南部・中南アメリカ北部が、その場所です。ついで、環太平洋造山帯では、大陸プレートと海洋プレートの衝突により、銀・銅資源が豊富で、アンデスの銀でスペインが繁栄、銅の産出でアメリカ合衆国・日本の電子産業が発達しました。しかし、アルプス・ヒマラヤ造山帯は、大陸プレートどうしの衝突であるため、銀・銅資源をほとんど産出せず、明暗を分けることとなりました。ヨーロッパからすれば、アルプス・ヒマラヤ造山帯はヨーロッパおよび比較的近い造山帯ですが、環太平洋造山帯は遠い造山帯で、資源確保に影響しました。

(18) 世界の自然・鉱産物と歴史⑭：気候・地形の多様性

　なぜ、アメリカ合衆国は、第一次世界大戦及び第二次大戦後、世界一の大国になったのでしょうか。キーワードは「気候」「地形」の多様性です。
　すなわち、両大戦後、ヨーロッパ諸国の植民地が独立へ向かい、ヨーロッパ諸国が弱体化したため、今日のヨーロッパッ共同体（EU）につながる統合が目指された。アメリカ合衆国は、アジア・アフリカ・ヨーロッパが海の向かいに位置、輸入に便利です。また、気候は、熱帯・乾燥帯・温帯・冷帯と幅広い気候があって、多様な農作物を自国内で栽培可能です。地形は、安定陸塊・古期造山帯・新期造山帯と、全ての大地形があって、多様な鉱産物を自国内で産出可能です。このように、位置の有利性、農産物・鉱産物の自国調達可能であることも、大国となった要因です。

(19) 世界の自然・鉱産物と歴史⑮：気候と寿命の関係

　なぜ、アフリカ大陸に、平均寿命が短い国が多いのでしょうか。キーワードは「気候」と「寿命」の関係です。
　すなわち、アフリカの気候は、赤道が通過する地域を中心として熱帯気候（高温多雨）が分布、また、南北回帰線が通過する地域を中心として乾燥帯気候（高温少雨）が分布、いずれも、気温が高い気候で、人間にとって、厳しい気候であり、平均寿命を短くする一因となっています。人間にとって、比較的快適な気候である温帯気候は少なく、気温の低い冷帯・寒帯気

候が分布しません。古期造山帯や新期造山帯がわずかなため、地形による
気温緩和も少ないこととなります。なお、南アメリカ大陸も、赤道が通過
する大陸ですが、その位置に新期造山帯の高山・高原があり、気温が低下
します。ちなみに、高緯度（北極・南極）も気温が低く、厳しい気候ですが、
防寒着・暖房で克服が可能となっています。但し、居住人口は、比較的少
ない。

（20）自然環境と人間生活の考察①：幅広い思考と選択

　自然環境の差異は、生活や思考の差異となり、宗教に影響することとな
ります。また、自然環境の差異は、農産物・鉱産物の生産・産出の差異と
なり、産業に影響することとなります。以上のことから、自然環境の差異
は、経済発展の差異をもたらすことがあるわけです。

　そこで、「自然環境が人間生活を決定する」という環境決定論や、「自然
環境は人間生活に可能性を与えるに過ぎない（可能性は高いが絶対ではない）」
という環境可能論が説かれました。実際、古代・中世まではその可能性が
高かったわけです。しかし、近代・現代では、人間の思考が大きくかかわ
ります。自然環境を学び、幅広い思考を学び、両者から、未来に向けて、
各自や社会が最適な選択をすべき時代となったのです。

（21）自然環境と人間生活の考察②：人間の平均寿命

　社会は平等であるべきですが、自然は平等ではありません。人間にとっ
て、生活するのに過酷な自然が、歴然と存在します。自然は平等ではない
ことから、人間生活は平等になるかと、問われることとなります。

　たとえば前述の「人間の平均寿命」は、自然環境と生活水準の両者が影
響します。日本は極めて長いことで知られますが、海外は先進国でも比較
的短い例があります。日本は自然環境に恵まれ、生活・医療水準が高いこ
とが影響しています。海外の先進国では、国内の格差が大きい国がありま
す。それが全体として、寿命が伸びない理由であるとされます。そこから、
日本から海外へ行く（先進国・発展途上国に関わらず、また、その国のどこへ）と、
寿命はどうなるのかを考えてみることも、必要となるわけです。

（22）自然環境と人間生活の考察③：自然環境の影響と環境破壊

　したがって、自分自身で、自然環境と人間生活の相互関係を考えることが、必要となります。さらに言えば、自分自身の思考（考え方）は、自分自身で考えたと、自覚していると思われますが、たとえば、自然環境により考え方が「まさしく」自然に身についたのでは、とも取れるのです。

　そこから、他の人の考え方を見るとき、例えば、「なぜその考え方」（宗教も含めて）になったのか、自然環境からその要因を考えてみることも、大切となります。すなわち、自然環境が人間に与えた影響は絶大です。その自然環境を人間が改変できるのか、ともいえるのです。自然環境は絶妙なバランスで成り立っているわけで、環境改変、さらに環境破壊は何を引き起こすか、いま問われているということでもあります。

（23）自然環境と人間生活の考察④：自然地理学の学び

　最後に、地理学、特に自然地理学を、なぜ、学ぶ必要があるのかを考えてみます。キーワードは「共通点：自然改変と移住民」です。ちなみに、日本の関東・東京やアメリカ合衆国では、地理学、特に自然地理学を学べる大学が比較的多く、日本および世界で、学びに地域差があります。

　すなわち、関東・東京は、前述のように、河川改修・河口利用で、効果を上げました。また、江戸期以降に、日本各地から考え方の異なる移住者が多く集まりました。アメリカ合衆国も、開拓時代に、大きく自然改変を行い、また、世界各地から多様な移住者が集まりました。その自然改変と移住民という共通点から、必然的に、自然環境の理解、日本各地・世界各地の自然とそこから生まれる考え方を理解する必要があるわけです。

「まとめ」：
　日本で産出する鉱産資源には、何があるか。
　世界の大地形別に産出する鉱産資源には、何があるか。
　自然環境と人間生活との理論には、何があるか。

「考察」：

　日本の鉱産資源、産出の要因には、何があるか。

　世界で大地形別に産出する鉱産資源が、歴史にどのような影響を与えたか。

　自然環境と人間生活、相互関係の事例と要因には何があるか。

写真 115：住友石炭鉱業赤平炭鉱（北海道赤平市）〈竪坑〉

写真 116：住友石炭鉱業奔別炭鉱（北海道三笠市）〈竪坑〉

写真117：住友鉱業別子銅山①（愛媛県新居浜市）〈旧・第四通洞〉

写真118：住友鉱業別子銅山②（愛媛県新居浜市）〈東平の索道土台〉

写真 119：住友金属鉱山菱刈鉱山（鹿児島県伊佐市）〈現役高品位金鉱山〉

写真 120：日本鉱業日立鉱山日鉱記念館（茨城県日立市）

写真 121：古河院内銀山①（秋田県湯沢市）〈御幸坑口〉

写真 122：古河院内銀山②（秋田県湯沢市）〈異人館を模した院内駅舎〉

写真 123：古河足尾銅山（栃木県日光市）

写真 124：三菱鉱業尾去沢銅山（秋田県鹿角市）〈石切沢通洞坑・史跡尾去沢鉱山〉

写真 125：三菱鉱業明延鉱山（兵庫県養父市）〈現在、探検坑道に〉

写真 126：三菱鉱業神子畑選鉱所（兵庫県朝来市）〈現在、斜面建物は撤去〉

写真 127：三菱鉱業崎戸炭鉱①（長崎県西海市）〈崎戸歴史民俗資料館と油倉庫跡〉

写真 128：三菱鉱業崎戸炭鉱②（長崎県西海市）〈旧炭鉱社宅アパート〉

写真 129：三菱鉱業高島炭鉱（長崎県長崎市）〈操業中の高島炭鉱と軍艦島のシルエット〉

写真 130：三井鉱山神岡鉱山 （岐阜県飛騨市）

写真 131：三井三池炭鉱①（熊本県荒尾市）〈万田坑竪坑・公開中〉

写真 132：三井三池炭鉱②（熊本県荒尾市）〈万田坑竪坑とゲージ〉

写真133：三井三池炭鉱③（福岡県大牟田市）〈三川坑操業時〉

写真134：三井三池炭鉱④（福岡県大牟田市）〈坑内電車廃車体群、閉山直後に撮影〉

写真 135：三井三池炭鉱⑤（福岡県大牟田市）〈三川坑、現在、公開〉

写真 136：三井三池炭鉱⑥（福岡県大牟田市）〈三川坑、入昇口〉

表8：日本の財閥系鉱山24選

地図中の位置	都道府県名	鉱山名	産出資源
1	北海道	住友金属鉱山鴻之舞金山	金
2	北海道	三菱雄別炭鉱	石炭
3	北海道	住友石炭鉱業赤平炭鉱	石炭
4	北海道	住友石炭鉱業奔別炭鉱	石炭
5	北海道	三菱大夕張炭鉱・南大夕張炭鉱	石炭
6	秋田県	三菱鉱業尾去沢銅山	銅
7	秋田県	古河院内銀山	銀
8	岩手県	三井鉱山釜石鉄山	鉄
9	宮城県	三菱鉱業細倉鉱山	鉛・亜鉛
10	茨城県	日本鉱業日立鉱山	銅
11	栃木県	古河足尾銅山	銅
12	新潟県	三菱鉱業佐渡金山	金
13	静岡県	古河久根鉱山	銅
14	岐阜県	三井鉱山神岡鉱山	鉛・亜鉛
15	兵庫県	三菱鉱業明延鉱山	錫
16	兵庫県	三菱鉱業生野銀山	銀
17	愛媛県	住友鉱業別子銅山	銅
18	福岡県	三井鉱山田川炭鉱	石炭
19	福岡県	三井三池炭鉱	石炭
20	長崎県	三菱鉱業崎戸炭鉱	石炭
21	長崎県	三菱鉱業高島炭鉱	石炭
22	鹿児島県	三井鉱山串木野金山	金
23	鹿児島県	住友金属鉱山菱刈金山	金
24	沖縄県	三井西表炭鉱	石炭

注：他に、三菱には芦別炭礦・美唄炭鉱・寿都鉱山・油戸炭鉱・飯塚炭礦、三井には芦別炭礦・砂川炭鉱・美唄鉱業所・山野鉱業所、住友には歌志内炭鉱・奈井江炭鉱・佐々連鉱山・忠隈炭礦・芳ノ浦炭鉱などがある。

分布図 8 ：日本の財閥系鉱山 24 選

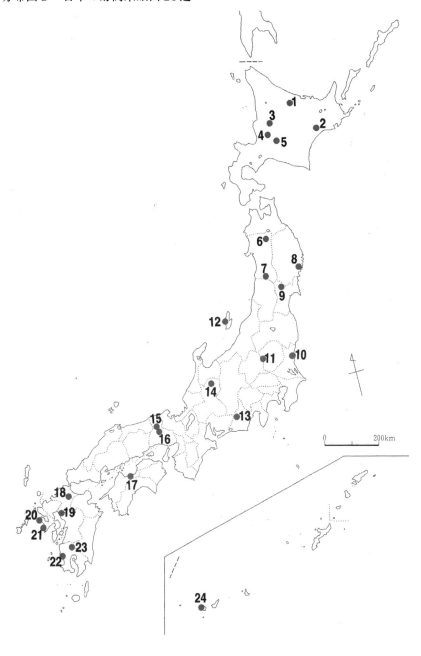

図4：フォッサ・マグナ（大地溝帯）

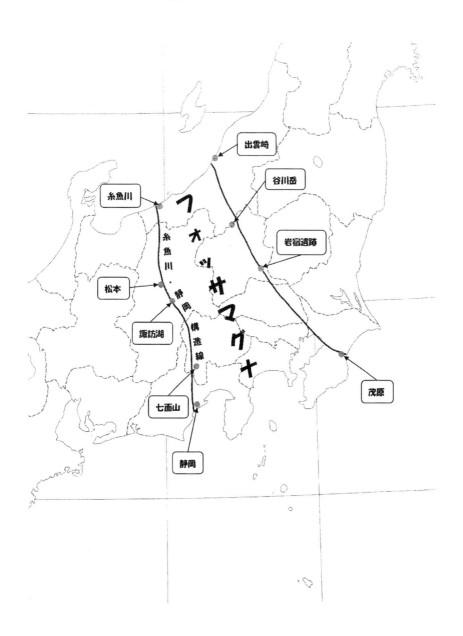

図5：有力戦国武将の地

図6：中央構造線（メジアンライン）と薩長土肥

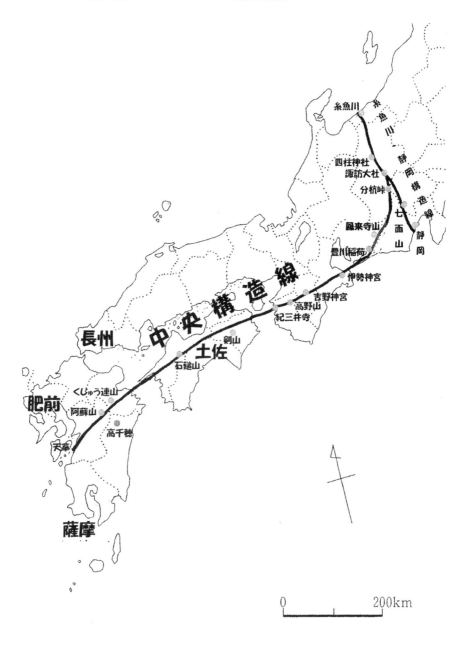

【16】 おわりに

　筆者の小学校時代は、社会科学習において、１・２年生で身近な地域と地元都道府県の学習、３・４年生で日本の地理と歴史、５・６年生で世界の地理と歴史を学習するのが中心であった。３年生で教科書として黄緑色の表紙の小学校地図帳が渡された。日本の地方別、世界の地域別の比較的大縮尺の地図が中心で、薄いものであったが、背表紙が破れるぐらい眺めたものである。それを見ていた教員の父親が、中学校地図帳を渡してくれたが、なんとそれは教員用指導書と一体になったもので、指導資料として国土地理院の地形図も掲載されていた。そこで、早速、当時の国鉄大阪駅正面向かいにあった旭屋書店（当時は、大阪一の書店であった）、その裏口を出て道路向かいの別館の２階に小規模ながら地元の地形図を中心としたコーナーがあり、地元の地形図など何枚か買い求めたのが、地形図収集の最初である。戦後すぐの５万分の１地形図応急修正版が中心であった。

　小学生当時、明治期以降に起きた地震で三大地震とされたのが、1891年（明治24年）10月28日６時発生の濃尾地震、1923年（大正12年）９月１日11時発生の関東地震、そして1948年（昭和23年）６月28日16時発生の福井地震で、福井地震では大きく傾いた百貨店の写真が印象的であった。ふと単純に20～30年周期と思ったりしたが、1943年（昭和18年）９月10日17時発生の鳥取地震が福井地震と同じ震度６（当時の最大震度）であった。そこで、渡された小学校地図帳の日本地図を見て、鳥取から福井までの距離が約200km、福井からさらに日本海側を200km延長すると新潟県、これまた単純に次は新潟県で地震発生と予測した。しかし、鳥取地震の５年後に発生した福井地震と異なって15年経過しても地震は起こらず、忘れかけていたころ、16年後となる1964年（昭和39年）６月16日13時に新潟地震が発生した。またしても20年周期と思ったりした。フォッサ・マグナ（大地溝帯）の糸魚川・静岡構造線は、すでに知られていたが、プレートテクトニクスの理論が確立するのは1970年代であり、まだ、ユーラシアプレートと北アメリカプレートの境界がフォッサ・マグナから日本海側沖に連なっていることなど知らなかった時代である。すぐに、新潟からさ

らに 200km 延長すると秋田県、次は秋田県で地震発生と予測、さらに間隔
があいて 20 年周期に近い 19 年後となったが、1983 年（昭和 58 年）5 月
26 日 11 時に日本海中部地震（秋田県沖だが、地震名が秋田地震とはならなかっ
た）が発生した。そこでさらに秋田から日本海側を 200km 延長すると北海
道南西沖となり、そこで地震発生と予測、近くにあるのは奥尻島、当時は
函館から 2 便の飛行機があったのですぐに函館から日帰りで訪れ、青苗の
集落などを撮影、日本海中部地震で津波が来たことを現地でお聞きした。
そして今度は間隔が縮まって 10 年後の 1993 年（平成 5 年）7 月 12 日 10
時に北海道南西沖地震が発生、このころになるとすでにプレートテクトニ
クス理論は定着、日本海側にユーラシアプレートと北アメリカプレートの
境界があって、新潟地震・日本海中部地震・北海道南西沖地震のような海
洋プレート型地震が発生することは知られ、太平洋側に北アメリカプレー
トと太平洋プレートの境界があってやはり海洋プレート型地震が発生する
ことが知られていた。そして間隔は同じ 10 年後の 2003 年（平成 15 年）9
月 26 日 4 時に十勝沖地震が発生した。十勝沖では過去に周期的に地震が
発生しており、1952 年（昭和 27 年）3 月 4 日 10 時発生の十勝沖地震もあり、
約 50 年周期ともなる。次いで、プレート境界に沿って南下を予測、十勝
沖から約 200km 南は岩手県三陸沖となるが、その位置は、1896 年（明治 29 年）
6 月 15 日 19 時発生の明治三陸地震、1933 年（昭和 8 年）3 月 3 日 2 時発
生の昭和三陸地震の震源地と重なるので、さらに約 200km 南下、宮城県沖
で地震発生と予測した。ちなみに、明治三陸沖・昭和三陸沖という名称は、
さらに今後に三陸沖で地震が発生することを示唆しているともとれるので
あり、次は平成三陸沖となる。そして間隔はさらに縮まって 8 年後、2011
年（平成 23 年）3 月 11 日 14 時発生の東日本大震災、震源は宮城県沖、予
測どおり、平成三陸沖地震ともとれるのである。このように、北陸・東北・
北海道沖の日本海にはユーラシアプレートと北アメリカプレートの境界、
北海道・東北・関東沖の太平洋には北アメリカプレートと太平洋プレート
の境界と、二つのプレート境界で、動く方向は比較的ではあるが単純であっ
て予測が立てやすい。しかし、関東・東海沖の太平洋では、北アメリカプ
レート・太平洋プレート・フィリピン海プレート、さらにユーラシアプレー

トと、比較的狭い範囲で複雑に絡み合う。かねてから、関東地震、東南海・南海地震に次いで、発生が予想される海域であるが、今日に至るまで発生していないのは、この複雑に絡み合うという要因によると推察される。すなわち、予測が困難な条件が数多くある。それぞれのプレートの動きや特質、そしてそれらの相互関係の交錯が考えられる。微妙なバランスを維持するのか、相乗効果で一気に動くか、それに気温や季節が絡むとどうなるか、スーパーコンピューターでの予測が期待されるところである。

　次いで、内陸活断層型地震も忘れてはならない。1995 年（平成 7 年） 1 月 17 日 5 時発生の兵庫県南部地震、勿論、我が家も大きく揺れた。ただ、沖積平野ながら、地盤がしっかりした洪積台地に近い位置のため、大きな被害とはならなかった。地震の震度分布をみると、当然ながら、震源からの距離に必ずしも比例しない。距離的に比較的近くても、山地・山脈などの強固な山体があると震度は大きく下がり、山地・山脈を越えることは少ない。反対に、海岸沿いの沖積平野などでは、遠方でも震度大であることがある。この点の注意が、勿論、必要である。また、すでに、地震は海洋プレート型地震と内陸活断層型地震があることは当然のごとく知られ、過去の例では濃尾地震が内陸活断層型地震の典型例（11 時発生の関東地震は震源に諸説あるが海洋プレート型地震とされる）で 6 時に発生、余震も夜間から早朝に多く、多くの人が睡眠不足に陥った。そこから、筆者は、少なくとも東海から近畿の内陸活断層型地震は朝に発生と予測、できるだけ昼間に睡眠をとって補い、早朝から起床することとし、2018 年（平成 30 年） 6 月 18 日 7 時発生の大阪北部地震の際は、すでに屋外で活動していた。

　以上、いささか地震の話が長くなり、科学的根拠が問われる話でもあろう。地震発生の仕組みはよく語られるところであるが、予知は困難とされる。自然現象も含めて、物事は基礎的条件が揃い、何らかの契機的条件があって現象は生じる。その何らかの契機的条件は、幅広い事柄になることが多く、それが地震予知を困難にしているともいえる。少なくとも、地形のみならず、気温変化などの気候も影響していることが考えられ、発生季節や時刻など、地震発生のきっかけ（引き金）の研究が求められるところであろう。「思考が科学をリードする」といわれるように、帰納法のみな

らず演繹法も求められる。自然地理学分野でも、地形学の変動地形などの細分化、気候学の都市気候などの細分化、水文学の湖沼水文学などの細分化を否定するつもりはまったくないが、地形学・気候学・水文学の統合・融合化、相互関係の解明も期待されるところである。

　話は筆者自身にまた戻って、大学は関西学院大学に入学、地理研究会に所属、1年次の夏に地理学概論ご担当の大島襄二先生のご指導で、愛媛県宇和海の戸島で合宿調査を行った。宇和海は典型的なリアス式海岸の地で、戸島では傾いた地層の断層断面が見られ、平地は少なく、地形環境から農業は段々畑での栽培、産業は漁業中心となり、それも養殖への早い取り組みとなった。水は井戸に頼り、塩っ辛く、紅茶がまだましと「塩紅茶文化」に思わず自然環境に対する人間の「適応」を思ったものである。都会と大きく異なり、まさしく自然環境への適応が求められているという、「地理的」思考が試される機会でもあった。大阪教育大学からご出講で、人文地理学ご担当の松田信先生には、ポール・ヴィダル・ドゥ・ラ・ブラーシュ箸の『人文地理学原理』を授業でご紹介いただいた。岩波文庫で飯塚浩二訳の上下巻二冊として発行され、第一刷は1940年（昭和15年）発行であるが、1970年（昭和45年）に発行されてすぐの改訳を購入して読むこととなった。解題で、飯塚浩二氏が、「ブラーシュは史学を志し学窓を巣立つ」、「歴史の理解のためにさえつねに自然環境の認識に立ち返ってみること、複雑な中にも秩序があるのだということ」、「ソルボンヌ大学の地理学講座を担当」、「人文地理学が自然と人類とのあいだ、舞台と歴史とのあいだの相関関係を主題とする」との指摘は、重要と感じた。そこで本書でも、地形地域と歴史、気候地域と歴史、地形地域と気候地域を合わせた自然地域と歴史について、本書で取り上げることとした。なお、京都大学からご出講の藤岡謙二郎先生・足利健亮先生・浮田典良先生、大阪教育大学からご出講の武藤直先生には、歴史地理学を中心とした地理学のご講義をいただいた。

　関西学院大学の学生当時、自然地理学がご専門の先生が専任教員としておられず、毎年、異なる自然地理学がご専門の先生方が、地理学特殊講義等でご出講であった。大阪教育大学からご出講の白井哲之先生は河川地形と河川改修をご講義、河川改修の際に河道狭窄化と旧河道の宅地化を指

摘され、後年、旧河道における災害発生が現実となった。奈良大学からご出講の小谷昌先生は琵琶湖の湖底地形の研究で著名であったが、前期終了後の夏休みに琵琶湖畔にて事故で亡くなられた。奈良大学からご出講の池田碩先生には花崗岩地形、立命館大学からご出講の日下雅義先生には地形環境と歴史景観をご講義いただくなど、毎年、幅広い先生方の自然地理学の授業を受講、単位を修得することとなった。次に進学した大阪教育大学大学院修士課程では、前田昇先生と石井孝行先生、守田優先生のご指導をいただき、崖錐地形がみられる栃木県足尾での自然地理学野外実習も経験、さらに進学した関西大学大学院博士課程後期課程では木庭元春先生と水山高幸先生に、自然地理学をご指導いただく機会を得た。同一の大学で学部・修士課程・博士課程後期課程と進学し、同一の先生に継続してのご指導とは異なり、特に関西では自然地理学がご専門の先生が比較的少なく、これほど多くの先生のご指導をいただけたのは少ないと想像される。ちなみに、欧米では、企業は勿論、大学もいくつもの大学・大学院で学ぶのが、その都度、関門を経由している、幅広く多くの同窓がいるとして、評価される側面がある。論文博士や「純粋培養」は、必ずしもグローバルスタンダードではない。

　自然地域研究においては、長年にわたる研究資料収集と幅広い実体験・現地調査（フィールドワーク）、そして、多様な学問分野からの視点で分析する姿勢が必要である。いわば、年季の入った研究が大きな原動力となり、総合的・包括的・深化的な研究を可能とし、因果関係の解明に役立つ。いわゆる、自然地域研究は取り組みやすいが、奥が極めて深いフィールド（分野）である。特に、自然地域研究に欠かすことができないのが地形図で、前述のように小学生以来、日本全国の国土地理院の地形図を収集、今日では「旧版地形図」と称される同一地域の過去の多くの版も含めて、膨大な量を所蔵している。この一部を活用して、古今書院「月刊　地理」誌上で、予告編を含めて、1年半に及ぶ長期連載である「明日の授業で使える！　地形図読図」を執筆、小地形では、火山地形（カルデラ等）、平野地形（洪積台地・沖積平野等）、河川地形（天井川・蛇行等）、海岸地形（リアス式海岸・海岸砂丘等）、サンゴ礁地形（隆起環礁等）の地形図読図を掲載いた

だいた。インターネットで、様々な情報が検索できる時代となっても、過去の一級資料（史料）が入手できなければ研究は始まらないのである。

　筆者は、大学で、観光学科目の授業とともに、地理学科目（人文地理学・自然地理学・地誌学）の授業も担当している。その自然地理学の講義内容を、教科書としてまとめたのが本書で、極めて平易にということに努め、丁寧に記述するということで、比較的関係がある場合には、同一内容を繰り返すこととした。したがって、小学生・中学生・高校生にも、勿論、読める内容であろう。従来からお世話になっている竹林館様に、「観光地域学」に続いて、「地域学シリーズ」として、出版について御相談させていただいたところ、比較的安価な教科書作成にご賛同をいただき、本書の出版に至った次第である。改めて感謝申し上げます。

　また、過去にお世話になり、ご逝去された先生方、関西学院大学及び関西学院大学地理研究会でお世話になりました大島襄二先生（2014年ご逝去）・浮田典良先生（2005年ご逝去）、関西学院大学・大阪教育大学及び日本地理学会でお世話になりました白井哲之先生（2006年ご逝去）、大阪教育大学大学院でお世話になりました松田信先生（2007年ご逝去）・前田昇先生（2017年ご逝去）、大阪教育大学大学院で同窓の西村孝彦先生（1994年ご逝去）、大阪教育大学及び大阪教育大学地理学会地理教育部会でお世話になりました位野木壽一先生（2006年ご逝去）、大阪教育大学地理学会地理教育部会でお世話になりました古川浩先生（2004年ご逝去）・橋本九二男先生（2011年ご逝去）・奈良芳信先生（2013年ご逝去）・磯高材先生（2020年ご逝去）、関西大学大学院でお世話になりました高橋誠一先生（2014年ご逝去）・水山高幸先生（2013年ご逝去）、日本地理学会交通地理研究グループでお世話になりました青木栄一先生（2020年ご逝去）・中牧崇先生（2020年ご逝去）の各先生方に、改めて感謝申し上げます。

　最後に、筆者の研究の歩みであるフレーズ、「交通地域60年、離島地域50年、テーマパーク地域40年、鉱業地域30年、アニメ地域20年、自然地域10年」を記させていただき、現在では研究が多いが、当時としては、「誰もやらないことをやる」ことで取り組んだ姿勢を、改めて再確認し、さらなる研究を進め、今後も単著単行本を発刊することとしたい。

● 著者略歴

奥野 一生 （おくの かずお）

大阪府立 千里 高等学校 卒業
関西学院大学 法学部 政治学科 卒業 法学士
大阪教育大学 大学院 教育学研究科 社会科教育専攻
　　　　　　地理学講座 修士課程 修了 教育学修士
関西大学 　　大学院 文学研究科 地理学専攻
　　　　　　博士課程 後期課程 修了
　　　　　　博士（文学）学位取得（関西大学 文博第五十三号）

現在，大学教員

主著：
『日本のテーマパーク研究』竹林館，2003 年発行
『日本の離島と高速船交通』竹林館，2003 年発行
『新・日本のテーマパーク研究』竹林館，2008 年発行
『レジャーの空間』ナカニシヤ出版，2009 年発行（分担執筆）
『観光地域学』竹林館，2018 年発行
『日本ネシア論』藤原書店，2019 年発行（分担執筆）

所属：
日本地理学会会員
（1998 ～ 2001 年度役員＜地理教育専門委員会専門委員＞）
人文地理学会会員
日本地理教育学会会員
日本クルーズ＆フェリー学会会員
日本島嶼学会会員（理事・設立発起人）

自然地域学　*Natural Regionology*　　　　新・ソフィア叢書 No. 2

2021 年 8 月 20 日　第 1 刷発行
著　者　奥野一生
発行人　左子真由美
発行所　㈱竹林館
〒 530-0044 大阪市北区東天満 2-9-4 千代田ビル東館 7 階 FG
Tel　06-4801-6111　Fax　06-4801-6112
郵便振替　00980-9-44593
URL http://www.chikurinkan.co.jp
印刷・製本　モリモト印刷株式会社
〒 162-0813 東京都新宿区東五軒町 3-19

© Okuno Kazuo　2021 Printed in Japan
ISBN978-4-86000-455-2　C3325